纺织服装高等教育"十四五"部委级规划教材
国家一流专业建设教材

FUZHUANG ZHIBAN YU TUIBAN

服装制版与推版

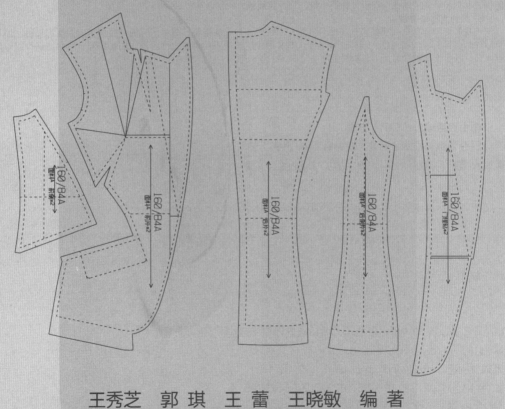

王秀芝 郭琪 王蕾 王晓敏 编著

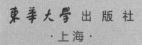

东华大学出版社
·上海·

扫二维码
看书中视频

内容简介

服装制版与推版是集服装设计、结构、成衣、材料于一体，以服装工业制版与推版作为主要内容的一门综合实用性课程。该书主要分为三部分：第一部分介绍了服装制版与推版的基础知识、国家服装标准及工业板样规格设计、服装工业推版原理与技术；第二部分以项目专题形式介绍了裙装、裤装、衬衫、夹克、西装、风衣、旗袍等款式的工业制版与推版实践；第三部分简要介绍了服装排料的相关知识。本书结构严谨，图例精细，重点突出，可操作性较强，具备以下几个特点：

1. 教材结构构建以立德树人为宗旨，支撑多元化的人才培养

教材构建时充分考虑了服装行业和社会发展对人才需求的多样性，以立德树人为宗旨，以敬业、精益、专注、创新的工匠精神为原则，把通用标准、行业标准及本校专业培养标准的知识能力体现在教材内容中。教材构建体现了学科专业交叉与融合，既支撑工科大类下服装设计与工程专业的人才培养，又支撑艺术学大类下服装与服饰设计专业的人才培养。

2. 教材内容设计理实结合，突出能力培养

按照学习者的认知规律，以基本概念、原理、项目案例实践应用由浅入深、层级递进的方式设计整体内容，注重理论阐述与实践应用相结合，既体现教材的基础通识性、又体现前沿时代性，强调教材内容的广度和深度，利于学生解决复杂工程问题能力的培养。

3. 教材突显行业特色，更易把控知识核心

服装行业兼具工程与艺术特色，图、表既是技术语言，也是艺术语言。教材编排以图文结合的方式进行关键参数的表达，读起来更能把控核心关键内容，更容易理解和掌握制版与推版的原理。

4. 教材适宜专题项目案例式教学，利于学生能力拓展

教材通过专题项目使学生学习的内容来源于市场行业真实性任务，体现工程场景，突出行业特色。教材选取案例由简单到复杂、由经典到时尚，倡导问题情景教学方式，教给学生对工程知识学习掌握、实践强化和拓展应用的方法，更能引导和启发学生主动探究知识、拓展思维，培养实践能力和创新精神。

5. 教材支撑终身学习

终身学习是社会每个成员为适应社会发展和实现个体发展的需要，贯穿于人的一生的持续的学习过程。该教材不仅可以作为普通高等本科院校、高等专科学校、高等职业院校等不同类型、不同层次的学校专业教材，还可以作为行业企业人员、社会人员的学习用书。教材倡导主动学习、学以致用，支撑终身学习。

图书在版编目（CIP）数据

服装制版与推版/王秀芝等编著 . -- 上海：东华

大学出版社，2025.1. -- ISBN 978-7-5669-2438-4

Ⅰ．TS941.631

中国国家版本馆 CIP 数据核字第 2024D6B619 号

责任编辑：杜亚玲

出　　　版：东华大学出版社（上海市延安西路 1882 号，200051）

本 社 网 址：dhupress.dhu.edu.cn

天猫旗舰店：http://dhdx.tmall.com

营 销 中 心：021-62193056　62373056　62379558

印　　　刷：苏州工业园区美柯乐制版印务有限责任公司

开　　　本：787 mm × 1092 mm　1/16

印　　　张：12.25

字　　　数：276 千字

版　　　次：2025 年 3 月第 1 版

印　　　次：2025 年 3 月第 1 次

书　　　号：ISBN 978-7-5669-2438-4

定　　　价：48.00 元

教材知识体系融入思政元素设计

　　整体教材内容结合专业提出的"德、美、技、用"的专业思政体系，即德为先（职业道德、规范意识、法律意识、工程伦理）、美为韵（审美意识、美学意识、鉴赏意识、流行感知意识）、技为要（匠心精神、创新精神、批判思维）、用为本（以人为本、文化自信、家国情怀、社会责任、国际视野），设计了相关教学知识点及教学案例可融入的思政元素，配合以适当的教学方法，可提高课程育人效果。

课程内容		相关联的专业知识或教学案例	思政元素
线上 （理论内容）	工业制版规范	工业样版制作、标注、核验等标准	职业道德 规范意识 法律意识 工程伦理
	国家服装号型标准	中国、欧美、日本等不同标准案例分析	
	服装工业推版原理	以女装衣身原型案例进行原理分析	
	常见款式推版方法	标准服装产品推版案例	
线下 （项目实践）	裙装制版与推版	马面裙拓展实践案例	审美意识 美学意识 文化自信 流行感知意识
	裤装制版与推版	西裤实践案例	匠心精神 以人为本
	衬衫制版与推版	衬衫拓展实践案例	匠心精神 批判思维
	夹克制版与推版	机车夹克拓展实践案例	批判思维 鉴赏意识 创新精神
	西装制版与推版	中山装拓展实践案例	文化自信 匠心精神 批判思维
	风衣制版与推版	巴宝莉风衣拓展实践案例	匠心精神 批判思维 国际视野
	旗袍制版与推版	旗袍拓展实践案例	文化自信 社会责任 创新精神

模块	课程内容	知识点或案例	教学方法	课时
第一部分 基础理论	服装制版与推版 基础理论	服装工业制版概述	线上自主学习、 线下答疑	2
		国家服装号型标准		
		服装工业推版原理		
第二部分 项目专题 实践	项目一 裙子制版与推版	案例一：直裙制版与推版	案例教学 任务驱动式教学 小组讨论 分组实践	2
		案例二：A字裙制版与推版		4
	项目二 裤子制版与推版	案例一：男西裤制版与推版		4
		案例二：女式牛仔裤制版与推版		4
	项目三 衬衫制版与推版	案例一：男衬衫制版与推版		4
		案例二：女式时尚衬衫制版与推版		6
	项目四 夹克制版与推版	案例一：分割线夹克制版与推版		6
		案例二：插肩袖夹克制版与推版		4
	项目五 西装制版与推版	案例一：女西装制版与推版		8
		案例二：男西装制版与推版		8
	项目六 风衣制版与推版	案例：风衣制版与推版		6
	项目七 旗袍制版与推版	案例：旗袍制版与推版		4
第三部分 服装排料	服装排料基础知识	排料必备条件、排料规则、排放方法、排料要求	线上自主学习、 线下答疑	2
合计				64

第一部分

服装制版与推版
基本概念与原理

第一章
服装工业制版

≫

第一节　绪　论

纸样是现代服装工业的专用语，含有"样版""标准"等意思，是服装设计的重要基础之一。它是达到服装设计者设计意图的媒介；是从设计思维、想象到服装造型的重要技术条件。然而，它的最终目的是高效而准确地进行服装的工业化生产。因此，纸样也是服装工业化和商品化的必要手段。

最初纸样并不是为了服装的工业化生产而产生的。19世纪初，欧洲妇女们虽崇尚巴黎时装，但大多数人因为其价格昂贵可望而不可及。为了满足这一社会要求，一些时装店的商人就把时髦的服装复制成像裁片一样的纸样出售，使许多不敢对价格昂贵时装问津的妇女，转而纷纷购买纸样自己模仿制作，由此纸样成了一种商品。英国的《时装世界》杂志早在1850年就开始刊登各种服装的剪裁图样。1862年美国裁剪师伯特尔·理克创造了和服装规格一般大小的服装纸样进行多件加工，三年之后他在纽约开设了时装商店，并设计和出售纸样，这就是最初的服装纸样。但是，由于它并没有真正运用在服装工业化生产上并有效地促进服装工业化进程，纸样也就没有得到根本的重视，纸样的工业化只有随着服装机械的进步和生产方式的革命才得以实现。

1830年，第一台缝纫机在美国诞生，使服装工业进入了划时代的时期。1897年，许多手工操作的缝纫机械的相继问世，大大地提高了服装产品的质量和产量。此后，专门分科的服装工业化生产方式应运而生，出现了专门的设计师、样版师、剪裁工、缝纫工、熨烫工等。这种生产方式的显著特点是批量大，另外由于采用了分科加工形式，使缝纫工产生不完整概念，他们只能遵循单科标准进行工作，这就要求设计上是全面、系统、准确、标准化的，纸样正是为了适应这些要求而设计制作的。纸样也被称为样版、纸版、纸型等。总之它是服装工业生产中所依据的工艺和造型的标准，我们把这种纸样叫做工业纸样。由此可见，纸样的真正价值是随着近代服装工业的发展而确立的。服装工业化造就了纸样技术，纸样技术的发展和完善又促进了成衣社会化的进程，繁荣了时装市场，反过来又刺激了服装设计和加工业的发展，使成衣产业成为最早的国际性产业之一。因此，纸样技术的产生被行业界和理论界视为服装产业的第一次技术革命。

一、纸样的概念与分类

纸样

纸样是服装各个部件的一个平面图解（形状）。纸样是服装样版的统称，其中包括：用于批量生产的工业纸样、用于定制服装的单款纸样、家庭使用的简易纸样以及有地域或社会集团区别的号型纸样。例如只在日本适用的日本号型纸样，只在英国、法国等欧洲国家适用的欧洲号型纸样，肥胖型、细长型特体纸样等。

服装工业纸样在整个生产过程中都要使用，只不过使用的纸样种类不同。工业纸样分为裁剪用纸样和工艺用纸样。

（一）裁剪用纸样

工业纸样

裁剪用纸样主要是在成衣生产中确保批量生产中同一规格的裁片大小一致，使得该规格所有的服装在整理结束后各部位的尺寸与规格表上的尺寸相同（允许符合标准的公差），相互之间的款型一样。裁剪用纸样主要包括：面料纸样、衬里纸样、里子纸样、衬布纸样、内衬纸样、辅助纸样等。

1. 面料纸样

通常是指衣身的纸样，多数情况下有前片、后片、袖子、领子、挂面、袖头、袋盖、袋垫布等。面料纸样要求结构准确，纸样上标识正确清晰，如布纹方向、剪口标记等。面料纸样一般是毛版纸样。

2. 衬里纸样

衬里纸样与面料纸样一样大，主要用于遮住有网眼的面料，以防透过薄面料看见里面的省道和缝份等。通常面料与衬里一起缝合。衬里常使用薄的里子面料，衬里纸样为毛版纸样。

3. 里子纸样

里子纸样一般包括前片、后片、袖子和里袋布等一些小部件。里子纸样也是毛版纸样，但里子纸样的缝份和面料纸样的缝份有所区别，里子纸样缝份一般比面料纸样的缝份大0.5～1.5 cm，折边的部位里子的长短比衣身纸样少一个折边宽，少数部位边不放缝份。

4. 衬布纸样

衬布有有纺或无纺、可缝或可黏之分。根据不同的面料、不同的使用部位、不同的作用效果，有选择地进行覆衬。一般男西装覆衬是最复杂的。衬布纸样有时使用毛版，有时使用净版。

5. 内衬纸样

内衬主要介于大身和里子之间，起到保暖的作用。毛织物、絮料、起绒布、法兰绒等常用作内衬，通常绗缝在里子上，所以内衬纸样比里子纸样稍大些，前片内衬纸样由前片里子和挂面两部分组成。

6. 辅助纸样

主要起到辅助裁剪的作用。比如：橡筋纸样。辅助纸样多为毛版。

（二）工艺用纸样

工艺用纸样主要用于缝制加工过程和后整理环节中。通过它可以使服装加工顺利进行，保证产品规格一致，提高产品质量。工艺用纸样主要包括：修正纸样、定位纸样、定型纸样、辅助纸样。

1. 修正纸样

主要用于校正裁片。比如西装裁片经过高温加压黏衬后，会发生热缩等变形现象，导致左、右两片的不对称，这就需要用标准的纸样修剪裁片。修正纸样与裁剪纸样形状一样。

2. 定位纸样

有净纸样和毛纸样之分，主要用于半成品中某些部位的定位。比如：衬衫上胸袋和扣眼等的位置确定。在多数情况下，定位纸样和修正纸样两者合用，而锁眼钉扣是在后整理中进行的，所以扣眼定位纸样只能使用净样版。

3. 定型纸样

只用在缝制加工过程中，保持款式某些部位的形状。比如：牛仔裤的月牙袋、西服的前止口、衬衫的领子和胸袋等（图1-1-1）。定型纸样使用净样版，缝制时要求准确，不允许有误差。定型纸样的质地应选择较硬而又耐磨的材料。

4. 辅助纸样

与裁剪用纸样中的辅助纸样有很大的不同，只用在缝制和整烫过程中起辅助作用。比如：在轻薄的面料上缝制暗裥后，为了防止熨烫时正面产生褶皱，在裥的下面衬上窄条，这个窄条就是起辅助作用的纸样。有时在缝制裤口时，为了保证两只裤口大小一致，采用一条标准裤口尺寸的纸样作为校正，这片纸样也是辅助纸样。

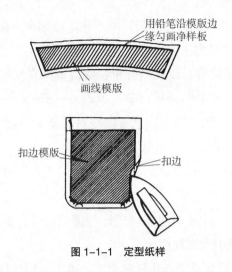

用铅笔沿模版边
缘勾画净样板

画线模版

扣边模版　　　　扣边

图 1-1-1　定型纸样

二、服装工业制版的概念与要求

工业制版
流程

服装工业制版是绘制一整套利于裁剪、缝制、后整理的样版的过程，绘制的样版要符合款式、面料、规格尺寸和工艺要求等。服装工业样版是指一整套从小号型到大号型的系列化样版。它是服装工业生产中的主要技术依据，是排料、画样、缝制及检验的标准模版。

对服装工业制版者的要求：

① 设计制定服装工业样版要有过硬的服装结构设计知识。
② 设计制定服装工业样版必须要懂得服装相关的专业标准。
③ 设计制定服装工业样版必须要有一定的绘图能力。

三、服装工业制版的流程

按照成衣工业生产的方式，服装工业制版的方式和流程可以分为三种：客户提供样品和订单；客户只提供订单和款式图而没有样品；只有样品，没有其他任何参考资料。下面分别介绍。

（一）既有样品又有订单

既有样品又有订单是大多数服装生产企业，尤其是外贸加工企业经常遇到的，由于它比较规范，所以供销部门、技术部门、生产部门以及质量检验部门都乐于接受。对此，绘制工业纸样的技术部门必须按照以下流程去实施：

① 分析订单。分析订单包括面料分析：缩水率、热缩率、倒顺毛、对格对条等；规格尺寸分析：具体测量的部位和方法，小部件的尺寸确定等；工艺分析：裁剪工艺、缝制工艺、整烫工艺、锁眼钉扣工艺等；款式图分析：在订单上有生产该服装的结构图，通过分析大致了解服装的构成；包装装箱分析：单色单码（一箱中的服装不仅是同一种颜色而且是同一种规格装箱）、单色混码（同一颜色不同规格装箱）、混色混码（不同颜色不同规格装箱），平面包装、立体包装等。

② 分析样品。从样品中了解服装的结构、制作的工艺、分割线的位置、小部件的组合，测量尺寸的大小和方法等。

③ 确定中间标准规格。针对中间规格进行各部位尺寸分析，了解它们之间的相互关系，有的尺寸还要细分，从中发现规律。

④ 确定制版方案。根据款式特点和订单要求，确定是用比例法还是用原型法，或用其他的制版方法等。

⑤ 绘制中间规格的纸样。绘制中间规格的纸样有时又称为封样纸样，客户或设计人员要对按照这份纸样缝制的服装进行检验并提出修改意见，确保在投产前产品合格。

⑥ 封样品的裁剪、缝制和后整理。封样品的裁剪、缝制和后整理过程要严格按照纸样的大小、纸样的说明和工艺要求进行操作。

⑦ 依据封样意见共同分析和会诊。依据封样意见共同分析和会诊，从中找出产生问题的原因，进而修改中间规格的纸样，最后确定投产用的中间规格纸样。

⑧ 推版。根据中间规格纸样推导出其他规格的服装工业用纸样。

⑨ 检查全套纸样是否齐全。在裁剪车间，一个品种的批量裁剪铺料少则几十层，多则上百层，而且面料可能还存在色差。如果缺少某些裁片纸样就开裁面料，在裁剪结束后，再找同样颜色的面料来补裁就比较困难（因为同色而不同匹的面料往往有色差），既浪费了人力、物力，效果也不好。

⑩ 制定工艺说明书和绘制一定比例的排料图。服装工艺说明书是缝制应遵循和注意的必备资料，是保证生产顺利进行的必要条件，也是质量检验的标准；而排料图是裁剪车间画样、排料的技术依据，它可以控制面料的耗量，对节约面料、降低成本起着积极的指导作用。

以上十个步骤概括了服装工业制版的全过程，这仅是广义上服装工业制版的含义，只有不断地实践，丰富知识，积累经验，才能真正掌握其内涵。

（二）只有订单和款式图或只有服装效果图和结构图但没有样品

这种情况增加了服装工业制版的难度，一般常见于比较简单的典型款式，如衬衫、裙子、裤子等。这种情况下制版师要绘制出合格的纸样，不但需要积累大量的类似服装的款式和结构组成的资料，而且还应有丰富的制版经验。其主要流程如下：

①　要详细分析订单。详细分析订单包括分析订单上的简单工艺说明、面料的使用及特性、各部位的测量方法及尺寸大小、尺寸之间的相互关系等。

②　详细分析订单上的款式图或示意图。从示意图上了解服装款式的大致结构，结合以前遇到的类似款式进行比较，对于一些不合理的结构，按照常规在绘制纸样时作适当的调整和修改。其余各步骤基本与第一种情况流程③（含流程③）以下一致。只是对步骤⑦要做更深入的了解，不明之处，多向客户咨询，不断修改，最终达成共识。总之，绝对不能在有疑问的情况下就匆忙投产。

（三）仅有样品而无其他任何资料

仅有样品而无其他任何资料多发生在内销的产品中。由于目前服装市场的特点为多品种、小批量、短周期、高风险，于是有少数小型服装企业采取了不正当的生产经营方式。一些款式新、销售比较看好的服装刚一上市，这些经营者就立即购买一件该款服装，作为样品进行仿制，在很短时间后就投放市场，而且销售价格大大低于正品的服装。对于这种不正当竞争行为，虽不提倡，但还是要了解其特点，其主要流程如下：

①　详细分析样品的结构。分析分割线的位置、小部件的组成、各种里子和衬料的分布、袖子和领子与前后片的配合、锁眼及钉扣的位置等；关键部位的尺寸测量和分析、各小部件位置的确定和尺寸分析；各缝口的工艺加工方法分析；熨烫及包装的方法分析等。最后，制定合理的订单。

②　面料分析。面料分析是指分析衣身面料的成分、花型、组织结构等；分析各部位用衬的规格；根据衣身面料和穿着的季节选用合适的里子，针对特殊的要求（如透明的面料）需加与之匹配的衬里，有些保暖服装（如滑雪服、户外服）需衬有保暖的内衬等材料。

③　辅料分析。包括分析拉链的规格和用处；扣子、铆钉、吊牌等的合理选用；根据弹性、宽窄、长短选择橡筋并分析其使用的部位；确定缝纫线的规格等。其余各步骤与第一种方式自流程③（含流程③）以下一样。对于比较宽松的服装，可以做到与样品一致；对于合体的服装，可以通过多次修改纸样，试制样衣，几次反复就能够做到与样品一致；而对于使用特殊的裁剪方法（如立体裁剪法）缝制的服装，要做到与样品完全一致，一般的裁剪方法很难实现。

第二节　服装工业制版前的准备

一、材料与工具的准备

① 米尺。以公制为计量单位的尺子，长度为 100 cm，质地为木质或塑料。

② 角尺。两边成 90° 的尺子，两边刻度分别为 35 cm 和 60 cm，反面有分数的缩小刻度，质地有塑料、木质两种。

③ 弯尺。两侧成弧线状的尺子。用于绘制侧缝、袖缝等长弧线，制图线条光滑。

④ 直尺。绘制直线及测量较短直线距离的尺子，其长度有 20 cm、50 cm 等数种。

⑤ 三角尺。三角形的尺子，一个角为直角，其余角为锐角，质地为塑料或有机玻璃。

⑥ 比例尺。绘图时用来度量长度的工具，其刻度按长度单位缩小或放大若干倍。

⑦ 圆规。画圆用的绘图工具，结构制图工具。

⑧ 擦图片。用于擦拭多余及需更正的线条的薄型图版。

⑨ 丁字尺。绘直线用的丁字形尺。

⑩ 自由曲线尺。可以任意弯曲的尺，其内芯为扁形金属条，外层包软塑料。

⑪ 分规。绘图工具。常用来移量长度或两点距离和等分直线或圆弧长度等。

⑫ 曲线版。绘曲线用的薄版。服装结构制图使用的曲线版，其边缘曲线的曲率要小。

⑬ 铅笔。实寸作图时，制基础线选用 H 或 HB 型铅笔，轮廓线选用 HB 或 B 型铅笔。

⑭ 大头针。固定衣片用的针。

⑮ 钻子。剪切时钻洞作标记的工具，以钻头尖锐为佳。

⑯ 工作台板。裁剪、缝纫用的工作台。一般高为 80～85 cm，长为 130～150 cm，宽为 75～80 cm，台面要平整。

⑰ 划粉。用于在衣料上面结构制图的工具。

⑱ 裁剪剪刀。剪切纸样或衣料时的工具。有 22.9 cm（9 英寸）、25.4 cm（10 英寸）、27.9 cm（11 英寸）、30.5 cm（12 英寸）等数种规格。

⑲ 花齿剪。刀口呈锯齿形的剪刀。

⑳ 播盘。在纸样和衣料上做标记的工具。

㉑ 样版纸。制作样版用的硬质纸，用数张牛皮纸经热压黏合而成，久用不变形。

二、制版前的技术文件准备

1. 服装制造通知单

************ 有限公司
生　产　制　造　通　知　单

品名		款号		品牌		生产批号	
【面料名称】：					数量	0 件	
【面料成分】：					执行标准：GB/T 14272—2011		
【里料成分】：					安全类别：GB 18401—2010 C 类		
【衣身填充物】：					零售价（吊牌）：元		

洗涤说明：
分开水洗—垫布熨烫—禁用带漂白功能的洗涤用品—不可甩干或绞拧，干燥后轻轻拍打至蓬松

规格/尺寸							
规格	M	L	XL	2XL	3XL	档差	公差
	170/88A	175/92A	180/96A	185/100A	190/104A		
后中衣长（cm）	71	73	75	77	79	2	±1
肩宽（肩点至肩点）(cm)	45.8	47	48.2	49.4	50.6	1.2	±0.5
胸围（夹下平量）(cm)	112	116	120	124	128	4	±1.5
下摆（cm）	107	111	115	119	123	4	±1.5
袖长（肩点至袖口）(cm)	60.5	62	63.5	65	66.5	1.5	±0.5
袖肥（1/2）(cm)	20.5	21	21.5	22	22.5	0.5	±0.3
袖口大（1/2）(cm)	14	14.5	15	15.5	16	0.5	±0.3
领围（cm）	50.5	50.5	52	52	52		
领高（cm）	8	8	8	8	8		
罗纹袖口高×（宽/2）(cm)	6.5×10.5	6.5×10.5	6.5×11.5	6.5×11.5	6.5×11.5		
下摆贴边宽（cm）	4	4	4	4	4		
门襟宽/里襟宽（cm）	6.3/3	6.3/3	6.3/3	6.3/3	6.3/3		
插袋净长×净宽（cm）	18×1.2	18×1.2	18×1.2	18×1.2	18×1.2		
下摆橡筋长（cm）	116	120	124	128	132		
门襟拉链长（cm）	63.5	65.5	67	69	71		

续表

规格		M	L	XL	2XL	3XL	档差	公差
		170/88A	175/92A	180/96A	185/100A	190/104A		
插袋拉链长（cm）		18	18	18	18	18		
充绒克重（g）		82	89	96	103	110		
下单比例								
色号	颜色（线色）	170/88A	175/92A	180/96A	185/100A	190/104A	合计	单位
1# 色	黑色	0	0	0	0	0	0	件
2# 色	墨绿	0	0	0	0	0	0	件
合计		0	0	0	0	0	0	件

辅料清单							
名称	规格	所用位置	单件用量	单位	正常损耗 %	合计数量	备注
主标		商标贴	1	枚	1%	0	
尺码		商标贴	1	枚	1%	0	
纽扣		商标贴下面	1	粒	1%	0	
洗唛		里袋	1	枚	1%	0	
树脂扣	22 型	里袋	2	粒	2%	0	
备用扣	ABCD 四件套	备用扣	1	套	0%	0	
门襟拉链	5# 树脂开口链	门襟	1	条	1%	0	
插袋拉链	5# 防水闭口链	插袋	2	条	1%	0	
四合扣面扣	明扣面版（A 件）	门襟	4	粒	1%	0	
四合扣面扣	暗扣面版（A 件）	门襟，帽子	6	粒	1%	0	
四合扣底扣	下三件（BCD 件）	门襟，帽子	10	套	1%	0	
罗纹	（25×16）×2 只	袖口	1	套	1%	0	
圆橡筋	0.3 直径	下摆	1.22	米	2%	0	
气眼		下摆	4	付	1%	0	
松紧扣	锌合金弹簧扣	下摆	2	只	1%	0	
织带		里布		米	2%	0	
织带	1.4cm	下摆	0.12	米	2%	0	

无纺衬：领里上 ×1，挂面 ×2，里襟 ×1，领襻 ×1，下摆贴 ×1，袖口贴 ×2，商标垫 ×1
布衬：领里插色 ×1，领面贴 ×1，商标垫 ×1，门襟里 ×1
100 g 压缩棉：领 ×1，里襟 ×1，领襻 ×2
80 g 复合棉：门襟 ×1（对折做）

制单		技术		经理	

2. 服装封样单

************ 公司产前封样单

合同号：	封样单位：	封样日期：	
款号：	款式描述：	封样结果：	
封样尺码：	封样颜色：	尺寸：接受【　】　　不接受【　】	
样衣类型：		做工：接受【　】　　不接受【　】	
尺寸记录：		缝制意见：	
部位	指示尺寸	样式尺寸	
		锁钉要求：	
		绣花 / 水洗：	
		整烫要求：	
		包装要求：	
跟单员签字【QC】：		工厂负责人签字【factory】：	

3. 测试布料缩水率和热缩率

（1）缩水率

织物的缩水率主要取决于纤维的特性、织物的组织结构、织物的厚度、织物的后整理和缩水的方法等。通常，经纱方向的缩水率比纬纱方向的缩水率大。

下面介绍毛织物在静态浸水时缩水率的测定。

调湿和测量的温度为 20℃±2℃，湿度为 65%±3%，裁取 1.2 m 长的全幅织物作为试样，将试样平放在工作平台上，在经向上至少作三对标记，纬向上至少作五对标记，每对标记要相应均匀分布，以使测量值能代表整块试样。其操作步骤如下：

① 将试样在标准大气中平铺调湿至少 24 h。

② 将调湿后的试样无张力地平放在测量工作台上，在距离标记约 1 cm 处压上 4 kg 重

的金属压尺，然后测量每对标记间的距离，精确到 1 mm。

③ 称取试样的重量。

④ 将试样以自然状态散开，浸入温度 20～30 ℃的水中 1 h，水中加 1 g/L 烷基聚氧乙烯醚，使试样充分浸没于水中。

⑤ 取出试样，放入离心脱水机内脱干，小心展开试样，置于室内，晾放在直径为 6～8 cm 的圆杆上，织物经向与圆杆近似垂直，标记部位不得放在圆杆上。

⑥ 晾干后试样移入标准大气中调湿。

⑦ 称取试样重量，若织物浸水前调湿重量和浸水晾干调湿后的重量差异在 ±2% 以内，然后按第 ② 条再次测量。

试样尺寸的缩水率：

$$S = \frac{L_1 - L_2}{L_1} \times 100\%$$

式中：S——经向或纬向尺寸缩水率，%；

　　　L_1——浸水前经向或纬向标记间的平均长度，mm；

　　　L_2——浸水后经向或纬向标记间的平均长度，mm。

当 $S \geqslant 0$，表示织物收缩；$S < 0$，表示试样伸长。

例如，用啥味呢的面料缝制裤子，而裤子的成品规格裤长是 100 cm，经向的缩水率是 3%，那么，制版纸样的裤长 L：

$$L = 100/(1 - 3/100) = 100/0.97 = 103.1 \,(cm)$$

其他织物，如缝制牛仔服装的织物，试样的量取方法类似毛织物，而牛仔服装的水洗方法很多，如石磨洗、漂洗等，试样的缩水率应根据实际的水洗方法来确定，但绘制纸版尺寸的计算公式还是上式。对于缩水率，国家有统一的产品质量标准规定。

（2）热缩率

织物的热缩率与缩水率类似，主要取决于纤维的特性、织物的密度、织物的后整理和熨烫的温度等。在多数情况下，经纱方向的热缩率比纬纱方向的热缩率大。

下面介绍毛织物在干热熨烫条件下热缩率的测试。

试验条件：在标准大气压，温度为 20℃±2℃，相对湿度为 65%±3%，对织物进行调试时，试样不得小于 20 cm 长的全幅，在试样的中央和旁边部位（至少离开布边 10 cm）画出 70 mm×70 mm 的两个正方形，然后用与试样色泽相异细线，在正方形的四个角上作以标记，试验步骤如下：

① 将试样在试验用标准大气下平铺调湿至少 24 h，纯合纤产品至少调湿 8 h。

② 将调湿后的试样无张力地平放在工作台上，依次测量经、纬向各对标记间的距离，精确到 0.5 mm，并分别计算出每块试样的经、纬向的平均距离。

③ 将温度计放入带槽石棉板内，压上熨斗或其他相应的装置加热到 180 ℃以上，然后降温到 180 ℃时，先将试样平放在毛毯上，再压上熨斗，保持 15 s，然后移开试样。

④ 按第一步和第二步要求重新调湿，测量和计算经、纬向平均距离。试样尺寸的热缩率：

$$R = \frac{L_1 - L_2}{L_1} \times 100\%$$

式中：R——分别是试样经、纬向的尺寸热缩率，%；

L_1——试样熨烫前标记间的平均长度，mm；

L_2——试样熨烫后标记间的平均长度，mm。

当 $R \geq 0$，表示织物收缩；$R < 0$，表示织物伸长。

例如，用精纺呢绒面料缝制西服上衣，成品规格的衣长是 74 cm，经向的缩水率是 2%，那么，制版纸样的衣长 L：

$$L = 74 / (1 - 2/100) = 74/0.98 = 75.5 （cm）$$

但事情并不那么简单，通常的情况是面料上要黏有纺衬或无纺衬，这时，不仅要考虑面料的热缩率，还要考虑衬的热缩率，在保证它们能有很好的服用性能的基础上，黏合在一起后，计算它们共有的热缩率，从而确定适当的制版纸样尺寸。

至于其他面料，尤其是化纤面料，一定要注意熨烫的合适温度，防止面料出现焦化等现象。各种纤维的熨烫温度见表 1-1-1。

表 1-1-1　各种纤维的熨烫温度

纤维	熨烫温度（℃）	备注
棉、麻	160~200	给水可适当提高温度
毛织物	120~160	反面熨烫
丝织物	120~140	反面熨烫，不能给水
黏胶	120~150	
涤纶、锦纶、腈纶、维纶、丙纶	110~130	维纶面料不能用湿的烫布，也不能喷水熨烫；丙纶面料必须用湿烫布
氯纶		不能熨烫

影响服装成品规格还有其他因素，如缝缩率等，这与织物的质地、缝纫线的性质、缝制时上下线的张力、压脚的压力以及人为的因素有关，在可能的情况下，纸样中可作适当处理。

三、服装工业样版常用符号

服装工业样版常用符号见表 1-1-2。

表 1-1-2　服装工业样版常用符号

名称	表示符号	使用说明
细实线		表示制图的基础线，为粗实线宽度的 1/2
粗实线		表示制图的轮廓线，宽度为 0.05～0.1 cm
等分线	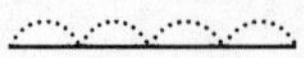	等距离的弧线，虚弧线间的宽度相同
点画线		表示衣片相连接、不可裁开的线条，线条的宽度与实线相同
双点画线		用于表示裁片的折边部位线条，宽度与细实线相同
虚线	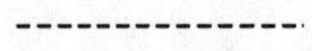	用于表示背面轮廓线和绗缝线的线条，线条的宽度与细实线相同
距离线		表示裁片某一部位两点之间的距离，箭头指示到部位的轮廓线
省道线		表示省的位置与形状，一般用粗实线表示
褶位线		表示衣片需要采用收褶工艺，用缩缝号或褶位线符号表示
裥位线		表示一片需要折叠进的部分，斜线方向表示褶裥的折叠方向
塔克线		图中细线表示塔克梗起的部分，虚线表示绗明线的部分
净样线		表示裁片属于净尺寸，不包括缝份在内
毛样线	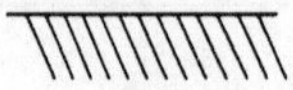	表示裁片的尺寸包括缝份在内
径向线		表示服装面料径向的线，符号的设置应与面料的径向平行
顺向号		表示服装面料的表面毛绒顺向的标记，箭头的顺向应与它相同
正面号	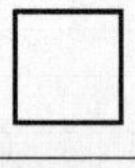	用于制式服装面料正面的符号
反面号		用于指示服装面料反面的符号
对条号	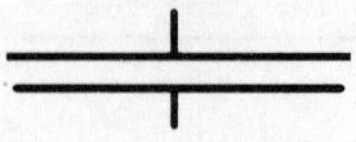	表示相关裁片之间条纹应该一致的标记，符号的纵横线对应布纹

续表

名称	表示符号	使用说明
对花号		表示相关裁片之间应当对齐花纹标记
对格号	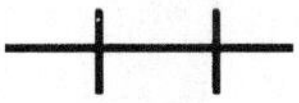	表示相关裁片之间应该对格的标记，符号的纵横线应该对应布纹
剖面线		表示部位结构剖面的标记
拼接号		表示相邻的衣片之间需要拼接的标记
省略号	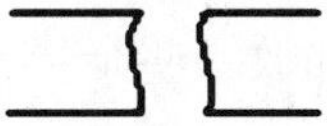	用于长度较大而结构图中又无法全部画出的部件
否定号		用于将制图中错误线条作废的标记
缩缝号	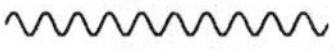	表示裁片某一部位需要用缝线抽缩的标记
拔开		表示裁片的某一部位需要熨烫拉伸的标记
同寸号		表示相邻尺寸裁片的大小相同
重叠号		表示相关衣片交叉重叠部位的标记
罗纹号		表示服装的下摆、袖口等需要装罗纹的部位的标记
明线号		实线表示衣片的外轮廓，虚线表示明线的线迹
扣眼位		表示服装扣眼位置及大小的标记
纽扣位		表示服装纽扣位置的标记，交叉线的交点是缝线位置
刀口位		在相关衣片需要对位的地方所做的标记
归拢		指借助一定的温度和工艺手段将余量归拢
对位	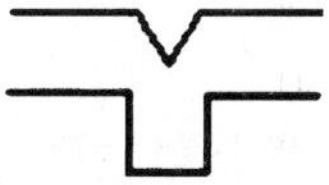	表示纸样上的两个部位缝制时需要对位
钉扣		表示钉扣位置
缝合止点	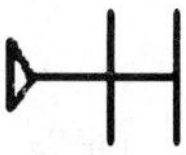	除表示缝合止点外，还表示缝合开始的位置、附加物安装的位置

第三节　服装工业样版中净版的加放

净版加放

一、缝份的种类

① 做缝。是在净纸样的周边另加的放缝，是缝合时所需缝去的分量。

② 折边。服装的边缘部分一般采用折边来进行工艺处理，各有不同的放缝分量。

③ 放余量。除所需加放的缝头外，在某些部位还需要多加放一些余量，以备放大或加肥时用。

④ 缩水率和热缩率。

二、缝份加放的方法

① 根据缝份的大小，样版的毛样线与净样线保持平行，即遵循平行加放原则。

② 肩线、侧缝、前后中线等近似直线的轮廓线缝份加放 1～1.2 cm。

③ 领圈、袖窿等曲度较大的轮廓线缝份加放 0.8～1 cm。

④ 折边部位缝份的加放量根据款式不同，变化较大。

⑤ 注意各样版的拼接处应保证缝份宽窄、长度相当，角度吻合。

⑥ 对于不同质地的服装材料，缝份的加放量要进行相应的调整。

⑦ 对于配里的服装，里布的放缝方法与面布的放缝方法基本相同，在围度方向上里布的放缝要大于面布，一般大 0.2～0.3 cm，长度方向上在净样的基础上放缝 1 cm 即可。

三、缝份加放的大小

① 一般缝份：包括前后侧缝、分割线两侧、前后肩缝、前后袖缝等，一般放量 1～1.2 cm，纱线较易脱散缝份 1.2 cm＋0.3 cm。

② 弧线部位缝份：包括领窝、领下口线、袖窿、袖山、裤上裆底部、弧度大的底边等，缝份一般为 0.8～1 cm。

③ 受力大的部位缝份：包括上衣背缝、裤装后上裆缝等，受力大需增加牢度，缝份一般为 1.5～2 cm。

④ 装饰性缝份：包括袖口、上衣底边、裙片、裤口等，缝份一般为 3.5～4.5 cm。

⑤ 特殊缝型：来回缝两侧缝份一般大于 1.2 cm；锁边缝两侧一般为 1.2 cm＋0.3 cm；压倒缝上侧缝份一般小于 1.2 cm；下侧缝份大于等于 1.2 cm；包缝缝型一般大于 1.2 cm。

第四节　服装工业样版的技术标准

　　服装工业制版的技术标准是针对一套完整的服装工业样版而言的。一套完整的服装工业样版由裁剪样版和工艺样版组成。这些样版不仅要求规格准确、形状优美、轮廓线圆顺光滑等，还包括在样版上作出的各种定位标记、纱向标记及相关的文字说明。服装样版的技术标准化是产品质量最基本的保证。

一、技术标准的范围

1. 定位标记

　　为了方便工人生产，制版师在样版上用钻眼和打剪口的方法来表示样版中的省位、省的大小，褶裥位、褶裥的大小，袋位、袋口的大小，缝份、折边的宽窄以及各部位的吻合点等的位置，这些样版上的钻眼和剪口称为定位标记（图 1-1-2）。

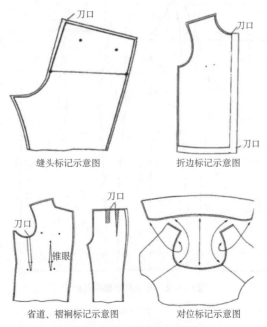

缝头标记示意图　　折边标记示意图

省道、褶裥标记示意图　　对位标记示意图

图 1-1-2　定位标记示意图

技术标准

定位标记钻眼一般打在样版的内部，钻眼基本能反映各种部件的位置和大小。钻眼点应向内少许，避免缝制后钻眼点外露。在样版中，钻眼与实际定位点是一致的。

剪口打在样版的边缘部位，主要用来反映省（裥）位、缝份、贴边大小及其他边缘部位的位置和大小。剪口深度应小于缝份，一般以缝份的一半为宜。

2. 丝缕标记

丝缕标记是标明样版（或裁片）丝缕取向的一种记号，多以经向符号表示。样版的各个部位都应作出丝缕标记（图1-1-3）。

3. 对称标记

服装中对称轴比较长且连折的对称部位，样版通常只制一半，如后衣片、男式衬衫的过肩等，对称轴必须作出醒目的连折单点画线标记。

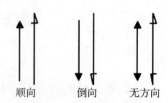

图 1-1-3 丝缕标记示意图

顺向　倒向　无方向

4. 文字说明

文字说明可包括品号、号型规格、部件数、部件名称、部件表里部位、允许拼接部位等方面的内容（图1-1-4）。

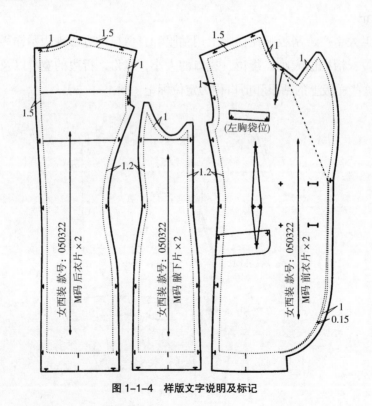

图 1-1-4 样版文字说明及标记

① 品号。即具体产品的代号。各家工厂一般都有各自的品号取法，通常情况下样版上标产品的品号而不标款名。品号只标在每档样版的一个主部件上（如前衣片、前裤片），其他部件不再重复标出。具体标注位置可设在不与其他标记相重叠的部位。

② 号型规格。在每档样版的主部件上均应标明服装号型和规格。如 160/84A——68×104 这一代号表示身高 160 cm、净胸围 84 cm 的标准体型者穿上衣长 68 cm、成品胸围 104 cm 的上衣规格。通常号型标在前面，规格标在后面。

在每档样版的主部件上均应标明部件数，可用阿拉伯字母表示。标明部件数以便于排料画样前后对样版部件数量的查对和复核，标记位置应紧靠号型规格下方处排列。

③ 部件名称、片数、面（里）衬选用情况。在每档样版的各个部件上都应该标清各部件的名称、片数及面里衬选用的情况。标注位置可紧贴纱向线。

④ 允许拼接部位。为节约用料，使排料更紧密，往往在某些部位作拼接，如领里、挂面等，此时允许拼接部位作出拼接标记。

在标注文字说明中还特别规定，对于单片数的不对称部件，其文字说明一律标注在其实际部位的反面，同时还规定，排料画样时标注文字的一面应与衣料反面处于同一方向，这样可以避免由于不慎而把不对称部件左右搞错。

二、复核范围

在服装工业纸样进行缩放前，纸样师要细心做好对基础纸样的检查工作。其要点如下：

① 核查整套纸样的裁片是否齐全。

② 核查纸样是毛样还是净样，缝份大小是否准确。

③ 核查纸样中的剪口是否正确。

④ 核查纸样是否有样版缩放所必需的公共线。如：布纹线（经纬纱向线）、腰围线、胸围线、臀围线等。

⑤ 核查纸样上所需的裁剪资料。如款式编号和名称、裁片名称、尺寸号码、裁片数量、拉链长度等。

⑥ 核查纸样相关连接部位是否吻合。如肩缝、侧缝前后长短是否一致，领口、袖口缝合后是否圆顺等。

⑦ 核查纸样上的细节部位。如褶位、省位、钻孔、袋口位等。

⑧ 检查纸样上是否附有用料的资料。如是否为对花、对格等布料，是否为倒、顺毛布料。

三、样版的编号和管理

1. 样版编号（图 1-1-5）

标注内容：

① 产品名称和有关编号。

② 产品号型规格。

③ 样版部件名称（需标明各部件具体名称）。

④ 不对称的样版要标明左右、上下、正反等标记。

⑤ 丝缕的经向标志。

⑥ 注明相关的片数，如：袋口垫布、襻带等。

⑦ 对折的部位，要加以标注说明。

⑧ 利用衣料光边的部件标明边位。

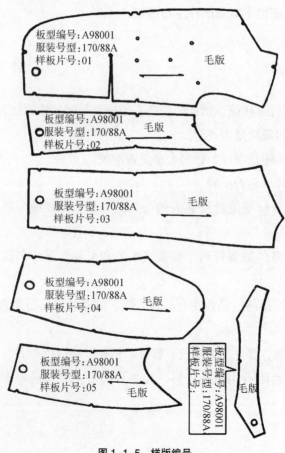

图 1-1-5　样版编号

2. 样版管理

① 当完成样版的制作后，还需要认真检查、复核，避免欠缺和误差。封样后，有时要根据样衣的效果再对原样版作一定的修正。

② 每一片样版要在适当的位置打一个直径约 1.5 cm 的圆孔，这样便于串连和吊挂。

③ 样版应按品种、款号和号型规格，分面、里、衬等归类加以整理。

④ 如有条件，样版最好实行专人、专柜、专账、专号归档管理。

课后思考

1. 工业制版的目的及工业纸样的分类。

2. 服装工业制版的流程。

3. 服装净版缝份如何加放。

4. 服装样版的标记及样版管理。

第二章
国家服装标准及工业样版规格设计

>>>

标准概况

第一节　国家服装号型标准

在服装工业生产的纸样设计环节中，服装规格的建立是非常重要的，它不仅对制作基础纸样是不可缺少的，更重要的是成衣生产需要在基础纸样上推出不同规格或号型系列的纸样。服装规格制定的优劣，在很大程度上影响着该国服装工业的发展和技术的交流。

我国的服装规格和标准人体的尺寸研究起步较晚，1972 年后开始逐步制订一系列的服装标准，国家统一号型标准是在 1981 年制定的，1982 年 1 月 1 日实施，标准代号是 GB 1335—1981。经过一些年的使用后，根据原纺织工业部、中国服装工业总公司、中国服装研究设计中心、中国科学院系统所、中国标准化与信息分类编码所和上海服装研究所提供的资料，我国系统的国家标准《中华人民共和国国家标准　服装号型》（Standard Sizing System for Garment）由国家技术监督局于 1991 年 7 月 17 日发布，1992 年 4 月 1 日实施，分男子、女子和儿童三种标准，它们的标准代号分别是 GB 1335.1—1991、GB 1335.2—1991 和 GB/T 1335.3—1991，其中，"GB"是"国家标准"四字中"国标"两字汉语拼音的声母，"T"字母是"推荐使用"中"推"字汉语拼音的声母。男子和女子两种国家标准是强制执行的标准，是服装企业的产品进入内销市场的基本条件，而儿童标准是国家对服装企业的非强制使用的标准，只是企业根据自身的情况适时使用，这些发布和实施的服装国家标准基本上与国际标准接轨。到 1997 年共制订了 36 个与服装相关的标准，其中有 13 个国家标准，12 个行业标准，11 个专业标准（有些企业还制订了要求更高的企业标准）。1997 年 11 月 13 日，经修订并发布了服装号型国家标准，该标准于 1998 年 6 月 1 日实施，仍旧分男子、女子和儿童三种标准，它们的标准代号分别是 GB/T 1335.1—1997、

GB/T 1335.2—1997 和 GB/T 1335.3—1997，修订的男装和女装标准都已改为推荐标准，但仍然是必须采用的标准。因为，如果不使用国家标准，就应该使用相应的行业标准或企业标准，我们知道企业标准高于行业标准，而行业标准又高于国家标准。因此，服装企业应遵照国家标准的要求进行生产。

2008 年 12 月 31 日，由上海市服装研究所、中国服装协会、中国标准化研究院、中国科学院系统所等主要起草单位再次修订并发布了男子、女子服装号型国家标准，该标准于 2009 年 8 月 1 日实施，标准代号分别是 GB/T 1335.1—2008 和 GB/T 1335.2—2008；儿童服装号型国家标准则于 2009 年 3 月 19 日修订并发布，2010 年 1 月 1 日实施，代号为 GB/T 1335.3—2009。

一、号型定义及体型分类

在新国家标准中，定义了号（Height）和型（Girth）。

号：指人体的身高，以厘米为单位表示，是设计和选购服装长短的依据。

型：指人体的净胸围与净腰围，以厘米为单位表示，是设计和选购服装围度的依据。

体型是依据人体的胸围与腰围的差数来划分，并将体型分为四类。体型分类的代号和范围见表 1-2-1。

表 1-2-1　体型分类　　　　　　　　　　单位：cm

体型分类代号	Y（健美）	A（标准）	B（稍胖）	C（肥胖）
男体胸腰围之差值	22～17	16～12	11～7	6～2
女体胸腰围之差值	24～19	18～14	13～9	8～4

二、号型标志

号型的表示方法为号与型之间用斜线分开，后接体型分类代号。

例如：上装 160/84A，其中 160 为身高，代表号，84 为胸围，代表型，A 为体型分类；下装 160/68A，其中 160 为身高，代表号，68 为腰围，代表型，A 为体型分类，以此类推：165/88A，170/92A。

国家标准规定服装上必须标明号型。套装中的上、下装分别标明号型。

三、号型应用

号 服装上标明的号的数值，表示该服装适用于身高与此号相同及相近的人。例如：175 号适用于身高 175 cm±2 cm 即 173～177 cm 的人。以此类推。

型 服装上标明的型的数值及体型分类代号，表示该服装适用的净胸围（上装）或净腰围（下装）尺寸，以及胸围与腰围之差数在此范围内的人。例如：男上装 96B 型，适用于净胸围 96 cm±2 cm，即 94～98 cm，胸围与腰围的差数在 7～11 cm 之间男性体型；下装 86B 型，适用于腰围 86 cm±1 cm，即 85～87 cm，同时胸围与腰围的差数在 7～11 cm 之间男性体型。以此类推。

号型系列

四、号型系列

号型系列：把人体的号和型进行有规则的分档排列，即为号型系列。号型系列以各中间体为中心，向两边依次递增或递减组成。各数值的意义表示成衣的基础参数（净尺寸或基本尺寸），服装规格应按此系列为基础，同时按设计要求加上放松量进行处理。

在标准中，身高以 5 cm 分档组成号系列，男子身高从 150 cm（B 体、C 体）、155 cm、160 cm、165 cm、170 cm、175 cm、180 cm、185 cm 到 190 cm，共 9 档；女子身高从 145 cm、150 cm、155 cm、160 cm、165 cm、170 cm、175 cm 到 180 cm，共 8 档。胸围以 4 cm 分档，腰围以 4 cm、2 cm 分档组成型系列。身高与胸围搭配组成 5·4 号型系列。身高与腰围搭配组成 5·4 系列，5·2 系列。除这两种号型系列外，原 1991 年国家标准还包含 5·3 号型系列。一般来说，5·4 系列和 5·2 系列组合使用，5·4 系列常用于上装中，而 5·2 系列多用于下装中；而原 5·3 系列可单独成一系列，既用于上装又用在下装中。这样与四种体型代号搭配，组成 8 个号型系列，它们是：

$$\begin{array}{cccc} 5\cdot4 & 5\cdot4 & 5\cdot4 & 5\cdot4 \\ 5\cdot2^{Y} & 5\cdot2^{A} & 5\cdot2^{B} & 5\cdot2^{C} \\[4pt] 5\cdot3Y & 5\cdot3A & 5\cdot3B & 5\cdot3C \end{array}$$

在儿童号型的国家标准中，不进行体型分类，对身高（长）52～80 cm 婴儿，身高以 7 cm 分档，胸围以 4 cm 分档，腰围以 3 cm 分档，分别组成 7·4 和 7·3 系列；对身高 80～130 cm 的儿童，身高以 10 cm 分档，胸围以 4 cm 分档，腰围以 3 cm 分档，分别组成 10·4 和 10·3 系列；对身高 135～155 cm 的女童和 135～160 cm 的男童，身高以 5 cm 分档，胸围以 4 cm 分档，腰围以 3 cm 分档，分别组成 5·4 和 5·3 系列。

　　在三份标准中主要的控制部位是身高、胸围和腰围，控制部位数值（指人体主要部位的数值，系净体尺寸）作为设计服装规格的依据。但只有这三个尺寸是很不够的，所以，在男子和女子标准中还有其他的控制部位数值，它们是颈椎点高、坐姿颈椎点高、全臂长、腰围高、颈围、总肩宽和臀围等七个控制部位；在儿童标准中，另外的控制部位尺寸是坐姿颈椎点高、全臂长、腰围高、颈围、总肩宽和臀围。而三个主要控制部位则分别对应其他的控制部位尺寸，其中，身高对应的高度部位是颈椎点高、坐姿颈椎点高、全臂长和腰围高；胸围对应的围（宽）度部位是颈围和总肩宽；腰围对应的围度部位是臀围。国家标准中男子、女子和儿童的各个部位，其测量方法和测量示意图可查阅服装用人体测量的部位与方法国家标准（GB/T 16160—2008）。

　　中间体：根据大量实测的人体数据，通过计算，求出均值，即为中间体。它反映了我国男女成人各类体型的身高、胸围、腰围等部位的平均水平，具有一定的代表性。男体中间体设置为：170/88Y、170/88A、170/92B、170/96C，女子中间体设置为：160/84Y、160/84A、160/88B、160/88C。

五、号型系列设计的意义

　　国家新的服装号型的颁布，给服装规格设计特别是成衣生产的规格设计，提供了可靠的依据。但服装号型并不是现成的服装成品尺寸，服装号型提供的均是人体尺寸。成衣规格设计的任务，就是以服装号型为依据，根据服装款式、体型等因素，加放不同的放松量，制订出服装规格。

　　在进行成衣规格设计时，由于成衣是一种商品，它和量体裁衣完全是两种概念。个别或部分人的体型和规格要求，都不能作为成衣规格设计的依据，而只能作为一种信息和参考，必须依据具体产品的款式和风格等特点要求进行相应的规格设计。

　　对于服装企业来说，必须根据选定的号型系列编出产品的规格系列表，这是对正规化生产的一种基本要求。

　　当我们到商场去购买男衬衫时，会发现衬衫领座后中有类似这样的尺寸标：如：170/88A 39。这组数值的含义是指，该产品适合净身高范围为168～172 cm，净胸围范围为86～89 cm，体型是A（即胸腰围之差在16～12 cm）的人，其成衣的领大尺寸是39 cm。对于购买者来说，只要知道自己的身高、胸围、体型和领大，就可以依此购买衬衫。而对于设计该衬衫的生产厂家，则可根据服装标准，首先确定号型，即身高、胸围和体型，然后利用5·4、5·2A中提供的坐姿颈椎点高、全臂长、颈围和总肩宽四个部位的尺寸，以净胸围为核心加上设计的放松量成为衬衫的成品尺寸（它们对应的服装术语是衣长、袖长、领大、肩宽和胸围）。当确定衬衫的这些主要控制部位的尺寸后，它的成品规格也就有了，再结合一些小部位规格尺寸，衬衫的纸样就可以绘制完成。

　　服装号型国家标准只是基本上与国际标准相接轨，通过与美国、日本和英国的服装规格相比，发现我国的标准中没有背长、股上长和股下长三个尺寸，而与之基本对应的是坐姿颈椎点高和腰围高两个尺寸。从科学角度进行比较，背长只是坐姿颈椎点高的一部分，对于不同的人体，如果有同样长度的坐姿颈椎点高，而背长不可能完全一样，这会造成在纸样的结构造型中，腰围线产生高低之分，制作的纸样就会有区别，尤其在缝制合体的服装时，效果会相差很大。同样，腰围高包括股上长和股下长两部分，有同样腰围高的人，其股上长会有很大的差异，而股上长是设计下装立裆深尺寸的考虑参数，对合体裤子的设计来说很重要。由此可见，国家标准中坐姿颈椎点高和腰围高两个部位尺寸的设计和采用就显得欠科学，还需要有其他相关的部位尺寸。

　　在男子和女子服装号型国家标准中，还列出了各体型在总量中的比例和服装号型的覆盖率以及各大地区各体型的比例和服装号型覆盖率。这些地区是东北华北地区、中西部地区、长江下游地区、长江中游地区、广东广西福建地区和云贵川地区；儿童标准中只分北方地区和南方地区不同年龄号型的覆盖率。这些覆盖率的提出对内销厂商组织生产和销售有着一定的指导作用。

第二节　号型的内容

　　服装号型国家标准中内容很多，下面就典型的号型系列表进行分析。如表 1-2-2、表 1-2-3 所示，两表的体型都是 Y，在男子号型系列表中，如果取胸围 88 cm，则其对应的腰围尺寸是 68 cm 和 70 cm，胸围减腰围的差数是 20 cm 和 18 cm，这两个数值在 17～22 cm 之间，属于 Y 体型；同理，在女子号型系列表中，胸围减腰围的差数是 22 cm 和 20 cm，属于 Y 体型。在这两个表中，男子身高从 155 cm 到 190 cm，胸围从 76 cm 到 104 cm，分成 8 档；女子身高从 145 cm 到 180 cm，胸围从 72 cm 到 100 cm，也分为 8 档；它们的身高相邻两档之差是 5 cm，相邻两档的胸围差数则是 4 cm，两数搭配成为 5·4 系列。在两个表中，同一个身高和同一个胸围对应的腰围有两个数值（空格除外），两者之差为 2 cm，它与身高差数 5 cm 搭配构成上一节中提到的 5·2 系列，就是说，一个身高一个胸围对应有两个腰围，也可以这样认为，一件上衣有两条不同腰围的下装与之对应，从而拓宽了号型系列，满足了更多人的穿着需求。

表 1-2-2　男子 5·4、5·2Y 号型系列表　　　　　　　　单位：cm

胸围＼腰围	Y 155		160		165		170		175		180		185	
76			56	58	56	58	56	58						
80	60	62	60	62	60	62	60	62	60	62				
84	64	66	64	66	64	66	64	66	64	66	64	66		
88	68	70	68	70	68	70	68	70	68	70	68	70	68	70
92			72	74	72	74	72	74	72	74	72	74	72	74
96			76	78	76	78	76	78	76	78	76	78	76	78
100							80	82	80	82	80	82	80	82

表 1-2-3　女子 5·4、5·2Y 号型系列表　　　　　　　　单位：cm

胸围＼腰围	Y 145		150		155		160		165		170		175	
72	50	52	50	52	50	52	50	52						
76	54	56	54	56	54	56	54	56	54	56				
80	58	60	58	60	58	60	58	60	58	60	58	60		
84	62	64	62	64	62	64	62	64	62	64	62	64	62	64
88	66	68	66	68	66	68	66	68	66	68	66	68	66	68
92			70	72	70	72	70	72	70	72	70	72	70	72
96					74	76	74	76	74	76	74	76	74	76

　　表 1-2-4 是男子号型系列 A 体型分档数值表，表 1-2-5 是女子号型系列 B 体型分档数值表，两表中采用的人体部位有身高、颈椎点高、坐姿颈椎点高、全臂长、腰围高、胸围、颈围、总肩宽、腰围和臀围。不论男子和女子的身高如何分档，男子的中间体在标准中使用的是 170 cm，女子则采用 160 cm，表中的计算数是指经过数理统计后得到的数值，采用数是服装专家们在计算数的基础上进行合理地处理得到的数值，它在内销服装生产过程中制定规格尺寸表时有着很重要的作用。

表 1-2-4　男子号型系列 A 体型分档数值表　　　　　　　　单位：cm

体型	A									
部位	中间体		5·4系列		5·3系列		5·2系列		身高、胸围、胸围每增减1cm	
	计算数	采用数	计算数	采用数	计算数	采用数	计算数	采用数	计算数	采用数
身高	170	170	5	5	5	5	5	5	1	1
颈椎点高	145.1	145.0	4.50	4.00	4.50	4.00			0.90	0.80
坐姿颈椎点高	66.3	66.5	1.86	2.00	1.86	2.00			0.37	0.40
全臂长	55.3	55.5	1.71	1.50	1.71	1.50			0.34	0.30
腰围高	102.3	102.5	3.11	3.00	3.11	3.00	3.11	3.00	0.62	0.60
胸围	88	88	4	4	3	3			1	1
颈围	37.0	36.8	0.98	1.00	0.74	0.75			0.25	0.25
总肩宽	43.7	43.6	1.11	1.20	0.86	0.90			0.29	0.30
腰围	74.1	74.0	4	4	3	3	2	2	1	1
臀围	90.1	90.0	2.91	3.20	2.18	2.40	1.46	1.60	0.73	0.80

表 1-2-5　女子号型系列 B 体型分档数值表　　　　　　　　单位：cm

体型	B									
部位	中间体		5·4系列		5·3系列		5·2系列		身高、胸围、胸围每增减1cm	
	计算数	采用数	计算数	采用数	计算数	采用数	计算数	采用数	计算数	采用数
身高	160	160	5	5	5	5	5	5	1	1
颈椎点高	136.3	136.5	4.57	4.00	4.57	4.00			0.92	0.80
坐姿颈椎点高	63.2	63.0	1.81	2.00	1.81	2.00			0.36	0.40
全臂长	50.5	50.5	1.68	1.50	1.68	1.50			0.34	0.30
腰围高	98.0	98.0	3.34	3.00	3.34	3.00	3.34	3.00	0.67	0.60
胸围	88	88	4	4	3	3			1	1
颈围	34.7	34.6	0.81	0.80	0.61	0.60			0.20	0.20
总肩宽	40.3	39.8	0.69	1.00	0.52	0.75			0.17	0.25
腰围	76.6	78.0	4	4	3	3	2	2	1	1
臀围	94.8	96.0	3.27	3.20	2.45	2.40	1.64	1.60	0.82	0.80

以男子分档数值表中的坐姿颈椎点高进行分析：当中间体的计算数为 66.3 cm 时，为了便于在实际工作中数据的处理，采用数为 66.5 cm。在对应的 5·4 系列和 5·3 系列两栏中，由于身高对应的高度部位中有坐姿颈椎点高，所以，它只与身高有关而与围度的变化无关。因此，身高变化 5 cm，坐姿颈椎点高的变化量实际计算数都是 1.86 cm，而采用数则是 2.00 cm。至于对应的 5·2 系列一栏中却是空白，这是因为 5·2 系列常用在下装中，而与坐姿颈椎点高没有关系，所以该栏不能填写。最后一栏的计算数是 0.37 cm，采用数也是 0.40 cm，它的含义是，当身高变化 5 cm 时，坐姿颈椎点高的变化量计算数是 1.86 cm，采用数是 2.00 cm。那么，身高变化 1 cm，两格中的数值就是表中的 0.37 cm 和 0.40 cm。表 1-2-4 中的其他数据和表 1-2-5 中的所有数据都可以这样分析。

集中上两表中 5·4 系列、5·3 系列和 5·2 系列三栏中各部位的分档采用数，颈椎点高为 4.00 cm，坐姿颈椎点高为 2.00 cm，全臂长为 1.50 cm，腰围高为 3.00 cm，胸围为 4.00 cm、3.00 cm，颈围为 1.00 cm、0.75 cm 和 0.80 cm、0.60 cm，总肩宽为 1.20 cm、0.90 cm 和 1.00 cm、0.75 cm，腰围为 4.00 cm、3.00 cm 和 2.00 cm，臀围为 3.20 cm、2.40 cm 和 1.60 cm。如果下装只使用 5·3 系列和 5·2 系列，那么，腰围则用 3.00 cm 和 2.00 cm，臀围用 2.40 cm 和 1.60 cm，这些数据就是在制定规格尺寸表时要用的。

表 1-2-6 是男女 Y、B（A）和 C 体型的中间体数据和 5·4 系列分档数据的采用数，在男子体型栏中，Y、B 和 C 三种体型和 A 体型的中间体都是 170 cm，在长度方向，Y 体型的数据与 A 体型相同，而与 B、C 体型相比，颈椎点高变化 0.5 cm，坐姿颈椎点高也变化 0.5 cm，全臂长没有变化，腰围高略有差异。在围度方向，Y 体型的胸围与 A 体型一样都是 88 cm，而 B 体型则是 92 cm，C 体型是 96 cm，由于胸围的改变，导致颈围、总肩宽、腰围和臀围也相应变化。对于 5·4 系列一栏中的采用数，通过与表 1-2-4 中 A 体型 5·4 系列中的分档采用数相比，绝大部分相同，只有臀围略有差异。在女子体型栏中，Y、A 和 C 三种体型和 B 体型的中间体虽然都是 160 cm，但长度方向的采用数已经有些不同，在围度方向，Y 和 A 体型的胸围都是 84 cm，B 和 C 体型的胸围则都是 88 cm。其他部位的数据不仅仅是胸围不同，即使是相同的胸围，数据也不相同。对于 5·4 系列一栏中的分档采用数，通过与表 1-2-5 中 B 体型 5·4 系列中的分档采用数相比，绝大部分相同，与男子体型一样，只有臀围的采用数有区别。

表 1-2-6　男女其他体型分档数值表　　　　单位：cm

体型	男子						女子					
	Y		B		C		Y		A		C	
部位	中间体	5·4系列	中间体	5·4系列	中间体	5·4系列	中间体	5·4系列	中间体	5·4系列	中间体	5·4系列
身高	170	5	170	5	170	5	160	5	160	5	160	5

续表

体型	男子						女子					
	Y		B		C		Y		A		C	
部位	中间体	5·4系列	中间体	5·4系列	中间体	5·4系列	中间体	5·4系列	中间体	5·4系列	中间体	5·4系列
颈椎点高	145.00	4.00	145.50	4.00	146.00	4.00	136.00	4.00	136.00	4.00	136.50	4.00
坐姿颈椎点高	66.50	2.00	67.00	2.00	67.50	2.00	62.50	2.00	62.50	2.00	62.50	2.00
全臂长	55.50	1.50	55.50	1.50	55.50	1.50	50.50	1.50	50.50	1.50	50.50	1.50
腰围高	103.00	3.00	102.00	3.00	102.00	3.00	98.00	3.00	98.00	3.00	98.00	3.00
胸围	88	4	92	4	96	4	84	4	84	4	88	4
颈围	36.40	1.00	38.20	1.00	39.60	1.00	33.40	0.80	33.60	0.80	34.80	0.80
总肩宽	44.00	1.20	44.40	1.20	45.20	1.20	40.00	1.00	39.40	1.00	39.20	1.00
腰围	70	4	84	4	92	4	64	4	68	4	82	4
臀围	90	3.20	95	2.80	97	2.80	90	3.60	90	3.60	96	3.20

男子的四种体型对应的中间体是 170/88Y、170/88A、170/92B 和 170/96C，女子的四种体型对应的中间体是 160/84Y、160/84A、160/88B 和 160/88C。

表 1-2-7 和表 1-2-8 分别是男子和女子 5·4、5·2A 号型系列控制部位数值表，从中得各部位相邻两列间的差数：颈椎点高为 4.00 cm、坐姿颈椎点高为 2.00 cm、全臂长为 1.50 cm、腰围高为 3.00 cm、胸围为 4.00 cm、颈围为 1.00 cm 和 0.80 cm、总肩宽为 1.20 cm 和 1.00 cm、腰围为 2.00 cm、臀围为 1.60 cm 和 1.80 cm，这些差数与表 1-2-4 和表 1-2-5 的采用数相比，大多数都一样，只是表 1-2-5 中臀围的采用数是 1.60 cm，而表 1-2-8 中的臀围差数却是 1.80 cm，这是因体型的不同而略有不同。表 1-2-7 中的身高和胸围并不是一一对应而是有交叉的，单从该表看，如果依据国家标准组织内销服装的生产，在制定服装规格表时，不应仅只生产 170/88A 规格的上装，还要适当生产一些 170/84A 规格的上装，别的规格也是这样。而对于表 1-2-8 却是一一对应，单从该表看，在组织生产时，可以只考虑一个身高对应于一个胸围。在生产下装时，如男子身高为 170 cm，可以生产的下装规格有 170/70A、170/72A、170/74A 和 170/76A；女子身高为 160 cm，可以生产的下装规格有 160/66A、160/68A 和 160/70A。如果组织生产套装，男子身高仍为 170 cm，则有 170/84A|170/70A、170/84A|170/72A、170/88A|170/72A、170/88A|170/74A、170/88A|170/76A 五种规格；女子身高为 160 cm，则有 160/84A|160/66A、160/84A|160/68A 和 160/84A|160/70A 三种规格。如果要进行综合的分析，对同一身高，在组织生产时，还不能简单地只生产上述提到的几种规格。

表 1-2-7　男子 5·4、5·2A 号型系列控制部位数值表　　单位：cm

部位	数值						
身高	155	160	165	170	175	180	185
颈椎点高	133.0	137.0	141.0	145.0	149.0	153.0	157.0
坐姿颈椎点高	60.5	62.5	64.5	66.5	68.5	70.5	72.5
全臂长	51.0	52.5	54.0	55.5	57.0	58.5	60.0
腰围高	93.5	96.5	99.5	102.5	105.5	108.5	111.5
胸围	72	76	80	84	88	92	96	100
颈围	32.8	33.8	34.8	35.8	36.8	37.8	38.8	39.8
总肩宽	38.8	40.0	41.2	42.4	43.6	44.8	46.0	47.2

部位	数值
腰围	56 58 60 62 ｜ 58 60 62 64 ｜ 64 66 68 70 ｜ 68 70 72 74 ｜ 72 74 76 78 ｜ 76 78 80 82 ｜ 80 82 84 86 ｜ 84 86 88
臀围	75.6 77.2 78.8 78.8 ｜ 77.2 78.8 80.4 82.0 ｜ 82.0 83.6 85.2 85.2 ｜ 85.2 86.8 88.4 90.0 ｜ 88.4 90.0 91.6 91.6 ｜ 91.6 93.2 94.8 94.8 ｜ 94.8 96.4 98.0 98.0 ｜ 98.0 99.6 101.2

表 1-2-8　女子 5·4、5·2A 号型系列控制部位数值表　　单位：cm

部位	数值						
身高	145	150	155	160	165	170	175
颈椎点高	124.0	128.0	132.0	136.0	140.0	144.0	148.0
坐姿颈椎点高	56.5	58.5	60.5	62.5	64.5	66.5	68.5
全臂长	46.0	47.5	49.0	50.5	52.0	53.5	55.0
腰围高	89.0	92.0	95.0	98.0	101.0	104.0	107.0
胸围	72	76	80	84	88	92	96
颈围	31.2	32.0	32.8	33.6	34.4	35.2	36.0
总肩宽	36.4	37.4	38.4	39.4	40.4	41.4	42.4

部位	数值
腰围	54 56 58 ｜ 58 60 62 64 ｜ 64 66 68 70 ｜ 70 72 74 76 ｜ 74 76 78 80 ｜ 78 80 82
臀围	77.4 79.2 81.0 81.0 ｜ 82.8 84.6 86.4 86.4 ｜ 88.2 90.0 91.8 91.8 ｜ 93.6 95.4 95.4 97.2 ｜ 99.0 99.0 100.8 100.8 ｜ 99.0 100.8 102.6

表 1-2-9 和表 1-2-10 分别是 1991 年国家标准中男子和女子 5·3A 号型系列控制部位数值表,与表 1-2-7 和表 1-2-8 相比,在高度方向对应的五个部位相邻两列的差数一样,分别为 5 cm、4 cm、2 cm、1.5 cm 和 3 cm;在围度方向,5·3A 号型系列的胸围和腰围相邻两列的差数都为 3 cm,而男子和女子的颈围、总肩宽和臀围略有不同;与表 1-2-7 一样,表 1-2-9 和表 1-2-10 的身高和胸围并不是一一对应,也是有交叉的,只不过 5·3 系列没有 5·4、5·2 系列那样复杂,换句话说,5·3 系列没有 5·4、5·2 系列的覆盖面大。在组织服装生产时,5·3 系列的规格制订就少些。男子同样以身高 170 cm 为例,套装的规格有 170/84A|170/70A 和 170/87A|170/73A 两种;女子也以身高 160 cm 为例,套装的规格可以是 160/81A|160/65A、160/84A|160/68A 和 160/87A|160/71A 三种。

表 1-2-9　1991 年国家标准男子 5·3A 号型系列控制部位数值表　　　　单位:cm

部位	数值									
身高	155		160		165	170		175	180	185
颈椎点高	133.0		137.0		141.0	145.0		149.0	153.0	157.0
坐姿颈椎点高	60.5		62.5		64.5	66.5		68.5	70.5	72.5
全臂长	51.0		52.5		54.0	55.5		57.0	58.5	60.0
腰围高	93.5		96.5		99.5	102.5		105.5	108.5	111.5
胸围	72	75	78	81	84	87	90	93	96	99
颈围	32.85	33.60	34.35	35.10	35.85	36.60	37.35	38.10	38.85	39.60
总肩宽	38.9	39.8	40.7	41.6	42.5	43.4	44.3	45.2	46.1	47.0
腰围	58	61	64	67	70	73	76	79	82	85
臀围	77.2	79.6	82.0	84.4	86.8	89.2	91.6	94.0	96.4	98.8

表 1-2-10　1991 年国家标准女子 5·3A 号型系列控制部位数值表　　　　单位:cm

部位	数值						
身高	145	150	155	160	165	170	175
颈椎点高	124.0	128.0	132.0	136.0	140.0	144.0	148.0
坐姿颈椎点高	56.5	58.5	60.5	62.5	64.5	66.5	68.5
全臂长	46.0	47.5	49.0	50.5	52.0	53.5	55.0
腰围高	89.0	92.0	95.0	98.0	101.0	104.0	107.0

续表

部位	数值								
胸围	72	75	78	81	84	87	90	93	96
颈围	31.2	31.8	32.4	33.0	33.6	34.2	34.8	35.4	36.0
总肩宽	36.40	37.15	37.90	38.65	39.40	40.15	40.90	41.65	42.40
腰围	56	59	62	65	68	71	74	77	80
臀围	79.2	81.9	84.6	87.3	90.0	92.7	95.4	98.1	100.8

从所有的 5·4、5·2 号型系列控制部位数值表中可看出，国家标准很好地解决了服装上、下装配套的问题，以男子胸围 88 cm 为例，可以使用的腰围有 68、70、72、74、76、78、80、82、84，其中 68 和 70 是 Y 体，72、74 和 76 是 A 体，78 和 80 是 B 体，82 和 84 是 C 体，即同一胸围的上装有不同腰围的裤子来搭配不同的体型。表 1-2-11 列出了传统的男女西服套装在人体基本参数（净尺寸）的基础上关键部位应加放的松量，仅供参考，如袖长的放量在全臂长的基础上加 3.5 cm，但根据西服穿着的规范来讲，此数有些偏大；裤长中的 +2-2 是指在腰围高的基础上加上腰宽的 2 cm（腰头宽假设是 4 cm）再减去裤口距脚底的 2 cm，换句话说，可以直接采用腰围高来计算裤子的长度。

表 1-2-11　男女传统西服套装关键部位的加放量　　　　　　　　　单位：cm

性别＼加放部位	衣长	胸围	袖长	总肩宽	裤长	腰围	臀围
男子	−0.5	+18	+3.5	+1	+2-2	+2	+10
女子	−5	+16	+3.5	+1	+2-2	+2	+10

① 衣长的服装尺寸：颈椎点高 /2。

② 如果上装中列有臀围尺寸，此时的松量在 10 cm 的基础上再多加 3～7 cm。

表 1-2-12 和表 1-2-13 是男女各体型在总量中的覆盖率，A 体型在各自的覆盖率中所占比例最大，而 C 体型所占比例最小；但把男子各体型的覆盖率相加为 96.76%，女子各体型的覆盖率相加为 99.12%，这说明除这四种体型之外，还有其他特殊的体型在国家标准中没有列出。仅仅从数据上比较，女子的体型分类比男子的更合理，覆盖面更广。

表 1-2-12　男子各体型人体在总量中的比例

体型	Y	A	B	C
比例（%）	20.98	39.21	28.65	7.92

表 1-2-13　女子各体型人体在总量中的比例

体型	Y	A	B	C
比例（%）	14.82	44.13	33.72	6.45

在 1997 年 11 月 13 日发布，1998 年 6 月 1 日实施的服装国家标准对 1992 年实施的服装国家标准进行了修订和补充，以保持其先进性、合理性和科学性。而 2008 年发布的服装国家标准又在 1997 年标准的基础上进一步完善，比较这三部标准，发现它们在很大程度上是相同的，下面就内容的不同之处进行说明：

1. 取消了 5·3 号型系列

经过一些年的应用，从服装实际生产的过程看，号型系列制定得越细，越复杂，就越不利于企业的生产操作和质量管理，而从国际标准的技术文件看，胸围的档差为 4 cm，与我国的 5·4 系列一致，又为了满足腰围档差不宜过大的要求，将 5·4 系列按半档排列，组成 5·2 系列，保证了上、下装的配套，因此，在后两次的修订中，取消了 5·3 系列，只保留了 5·4 系列和 5·2 系列。但并不是说 5·3 系列就不存在，它仍然有效，企业可根据自身的特点制订比国家标准更高要求的企业标准。

2. 取消了人体各部位的测量方法及测量示意图，但在文字上仍保留

由于人体各部位的测量方法及测量示意图在国家标准 GB/T 16160—1996（《服装人体测量部位与方法》）（1996 年 1 月 4 日发布，1996 年 7 月 1 日实施，2008 年又再次修订，标准代号 GB/T 16160—2008）中有叙述，因此，服装号型国家标准修订本中没有列出。

3. 补充了婴幼儿号型部分，使儿童号型尺寸系列得以完整

1991 年发布的儿童服装号型国家标准部分只有 2～12 岁年龄段儿童的号型，为了完善号型体系，增加了婴幼儿号型部分，即身高 52～80 cm 的婴儿。这样，儿童服装号型把身高就分成三段，其中儿童身高范围在 80～130 cm 之间的不分男童和女童。而对于高于 130 cm 的儿童，男童的身高范围是 135～160 cm，女童的身高范围则是 135～155 cm。

4. 标准修订中参考了国外先进标准

标准在修订过程中参考了国际标准技术文件 ISO/TR 10652《服装标准尺寸系统》、日本工业标准 JISL4004《成人男子服装尺寸》、日本工业标准 JISL4005《成人女子服装尺寸》等国外先进标准。

5. 规范引用，范围微调

2008 年发布的服装号型国家标准对标准的英文名称进行了修改，对相关术语进行了英文标注。同时，对身高的范围进行了扩展，四种体型都增加了 190 cm 的身高档，B 体和 C 体则向下补充了 150 cm 的身高档；在胸围方面，对 Y 体和 A 体增加了 104 cm 档，对 B 体增加了 112 cm 档，对 C 体增加了 116 cm 档，其内容也相应进行了丰富。

第三节　号型规格应用

一、号型规格的表达方式

号型应用

1. 表达规格的元素性质

规格元素性质有人体基本部位尺寸、服装基本部位尺寸、代号三类。其中人体基本部位尺寸有长度部位（h）、围度部位（B*、W*、H*）、体型组别（B*–W*、H*–B*）等。服装基本部位尺寸有上装的衣长（L）、前衣长（FL）、胸围（B）等。代号分数字和字母两类，数字分整数和分数，一般地14以前的整数用于童装规格，表示适穿者的年龄，14以后的整数和分数表示成人服装规格；字母常用 XS（特小）、S（小）、M（中）、ML（较大）、L（大）、XL（特大）、XXL（特特大）表示服装规格自小而大的排列。

2. 表达规格的元素个数

表达规格的元素个数可分一元、二元、多元等，其中一元常选择所有元素中最本质的一类，如毛衣规格表达用的一元元素是衣服胸围（B）；二元常为人体长度部位与人体围度部位尺寸；多元常为人体长度部位与人体围度部位及体型组别分类。

3. 国内外表示规格的方法

目前国内外服装规格的表示形式大体为：

男式立领衬衫——一元、领围（N）

针、编织内衣——一元、胸围（B）

工作衣——一元、胸围（B）

文胸——二元、人体下胸围、净胸围与下胸围之差表示的组别

日本外衣——二元或三元、人体基本部位（身高、净胸围 / 净腰围或体型组别）

欧美外衣——一元、代号制

我国外衣——三元、人体基本部位（身高、净胸围 / 净腰围、体型组别）

所有的服装都可以用代号来表示，即代号制，代号制亦可与其他规格表示方法并用。

二、号型规格应用

号型规格应用时应注意以下几方面：

① 必须从标准规定的各系列中选用适合本地区的号型系列。

② 无论选用哪个系列，必须考虑每个号型适应本地区的人口比例和市场需求情况，相应地安排生产数量。各体型人体的比例、分体型、分地区的号型覆盖率可参考国家标准，同时也应生产一定比例的两头号型，以满足各部分人的穿着需求。

③ 标准中规定的号型不够用时，也可适当扩大号型设置范围。扩大号型范围时，应按各系列所规定的分档数和系列数进行。

④ 号型的配置。号型的配置有如下类型：

a. 号和型同步配置

配置形式为：160/80、165/84、170/88、175/92、180/96。

b. 一号和多型配置

配置形式为：170/84、170/88、170/92、170/96。

c. 多号和一型配置

配置形式为：160/88、165/88、170/88、175/88、180/88

第四节　其他国家服装号型简介

一、日本

① 与我国服装号型表示方法相似，由胸围代号、体型代号、身高代号三部分组成。如：9Y2 的女装。

② 胸围代号见表 1-2-14。

表 1-2-14　日本服装胸围代号表

代号	3	5	7	9	11	13	15	17	19	21
胸围	73	76	79	82	85	88	91	94	97	100

③ 体型类别代号：

a. 日本女装体型分类见表 1-2-15，日本成年女子身高胸围分布情况见表 1-2-16。

表 1-2-15　日本女装体型分类表

代号	A	Y	AB	B
类别	小姐型	少女型	少妇型	妇女型
体型特征	一般体型	较瘦高体型	稍胖体型	胖体型
臀腰围特征	腰臀比例匀称	比 A 型臀围少 2 cm，腰围相同	比 A 型臀围大 2 cm，腰围大 3 cm	比 A 型臀围大 4 cm，腰围大 6 cm

表 1-2-16　日本成年女子身高胸围分布情况表

身高 /cm	胸围 /cm					合计（%）
	73~79	79~85	85~92	92~100	100~108	
148	6.78	11.81	10.8			29.39
156	10.0	17.93	14.28	5.03	0.18	47.42
164	1.78	3.81	3.01			8.6
合计（%）	18.56	33.55	28.09	5.03	0.18	

b. 日本男装体型分类见表 1-2-17。

表 1-2-17　日本男装体型分类表

代号	Y	YA	A	AB	B	BE	E
体型特征	瘦体型	较瘦体	普通型	稍胖型	胖体型	肥胖体	特胖体
胸腰围差	16	14	12	10	8	4	0

④ 日本服装身高代号见表 1-2-18。

表 1-2-18　日本服装身高代号表

代号	0	1	2	3	4	5	6	7	8
身高	145	150	155	160	165	170	175	180	185

如：9Y2 的女装，对应的是胸围 82 cm，较瘦高体型（少女型），身高 155 cm 的女性的服装。相当于我国 155/84A 女装。

92A5 男装号型，表示适用于胸围 92 cm，身高 170 cm，普通体型男子，与我国 170/92A 男装号型对应。

⑤ 日本其他服装表示方法：

a. 特殊部位加上体型。如：男衬衫，领围加体型，41AB，38Y 等。

b. 文化式女装规格系列见表 1-2-19。

表 1-2-19　文化式女装规格系列表　　　　　　　　单位：cm

	S	M	ML	L	LL
胸围	76	82	88	94	100
腰围	58	62	66	72	80
臀围	86	90	94	98	102
身高	150	155	158	160	162

二、美国服装号型

美国体型分类及服装号型见表 1-2-20；美国女装规格系列见表 1-2-21。

表 1-2-20　美国体型分类及服装号型系列表

体型分类	号型系列
女青年	6、8、10、12、14、16、18、20
瘦型女青年	6 mp、8 mp、10 mp、12 mp、14 mp、16 mp
少女	5、7、9、111、13、15、17
瘦型少女	3 ip、5 ip、7 ip、9 ip、11 ip、13 ip
成熟女青年	10.5、12.5、14.5、16.5、18.5、20.5、22.5
妇女	34、36、38、40、42、44

注：mp、ip 为代表某种体型的符号

表 1-2-21　美国女装规格系列表　　　　　　　　单位：cm

分类	号型	胸围	腰围	臀围	身高
女青年	12	82.5	64.7	87.6	165
	14	85	68.6	91.4	165.7
	16	88.9	72.4	95.2	166.3
	18	92.7	76.2	99.0	167
	20	96.5	80.1	100.3	167.6
成熟女青年	14.5	91.4	73.7	93.9	157
	16.5	96.5	78.8	99.0	157
	18.5	101.6	83.9	104.1	157
	20.5	106.6	88.9	109.2	157
	22.5	111.7	94.0	114.3	157

续表

分类	号型	胸围	腰围	臀围	身高
妇女	36	95.2	75.0	99.0	169
	38	100.3	80.1	104.1	169
	40	105.4	85.1	109.2	169
	42	110.4	90.2	114.3	169
	44	115.6	95.3	119.4	169
少女	9	78.7	61.0	82.5	152
	11	81.2	63.5	85.1	155
	13	85.0	66.7	88.2	157
	15	88.9	69.9	91.4	160
	17	92.7	73.7	95.2	164

第五节　ISO 号型标准简介

一、ISO 女子号型标准

① 身高分档：160、168、176 三档。
② 体型分类见表 1-2-22。

表 1-2-22　ISO 女子号型体型分类

体型分类	臀胸落差
A	＞9
M	4~8
H	＜3

二、ISO 男子号型标准

① 身高分档：164、170、176、182、188 五档。
② 体型分类见表 1-2-23。

表 1-2-23   ISO 男子号型体型分类

体型	胸腰落差	体型	胸腰落差
A	16	S	0
R	12	C	-6
P	6		

第六节   各个国家服装号型对应关系

1. 男装号型对应关系（表 1-2-24）

表 1-2-24   各国男装号型对应关系

国别	规格	规格对应关系							
英美地区	号	S			M			L	
	胸围	88	91	94	97	100	103	106	109
	身高	170～180							
中国	号	S	M			L		XL	
	号型	165/84A	170/88A、170/92A			175/96A、175/100A、180/102A		185/106A	
日本	号	S	M			L		XL	
	号型	86Y3	88Y4, 90Y5, 92Y6, 94Y7, 88YA4, 90YA5, 94YA5, 94A4, 92AB4			96Y8, 96YA7, 96A6, 96A7, 96AB5, 96BE4, 98E4, 100E5, 102B7		104BE8, 104E7	

2. 女装号型对应关系（表 1-2-25）

欧美女装同等号型，比亚洲女装身高和胸围大 10 cm。

表 1-2-25   各国女装号型对应关系

国别	中间号型	规格对应关系	
		胸围	身高
中国	160/88A	88	160
日本	9Y2	82	155
英国	16	97	165

课后思考

1. 号、型的概念及我国服装号型标准的特点。
2. 体型分类代号的范围及意义。
3. 号型的标注及含义。
4. 号型系列的概念及组成。
5. 号型规格的应用。
6. 日本、美国等其他国家的号型标注特点。

第三章

服装工业推版原理与技术

>>>

现代服装工业化大生产要求同一种款式的服装要有多种规格，以满足不同体型消费者的需求，这就要求服装企业要按照国家或国际技术标准制定产品的规格系列，全套的或部分的裁剪样版。

服装工业推版是工业制版的一部分，这种以标准样版为基准，兼顾各个号型，进行科学的计算、缩放，制定出系列号型样版的方法叫做服装推版，简称推版或服装放码，又称服装纸样放缩、推档或扩号。

采用推版技术不但能很好地把握各规格或号型系列变化的规律，使款型结构一致，而且有利于提高制版的速度和质量，使生产和质量管理更科学、更规范、更容易控制。推版是一项技术性、实践性很强的工作，是计算和经验的结合。在工作中要求细致、合理，质量上要求绘图和制版都应准确无误。

第一节　服装工业推版原理

通常，同一种款式的服装有几个规格，这些规格都可以通过制版的方式实现，但单独绘制每一个规格的纸样将造成服装结构的不一致，如：牛仔裤前弯袋的这条曲线，如果不借助于其他工具，曲线的造型或多或少会有差异；另外，在绘制过程中，由于要反复计算，出错的概率将大大增加。然而，采用推版技术缩放出的几个规格就不易出现差错，因为号型系列推版是以标准纸样为基准，兼顾了各个规格或号型系列关系，通过科学地计算后绘制出系列裁剪纸样，这种方法可保证系列规格纸样的相似性、比例性和准确性。

一、服装工业推版的方法

目前，服装工业推版通常有两种方法。

（一）推拉摆剪法

推拉摆剪法又称推剪法，一般是先绘制出小规格标准基本纸样，再把需要推版的规格或号型系列纸样，依此剪成各规格近似纸样的轮廓，然后将全系列规格纸样大规格在下、小规格（标准纸样）在上，按照各部位规格差数逐边、逐段地推剪出需要的规格系列纸样。这种方法速度快，适于款型变化快的小批量、多品种的纸样推版，由于需要熟练度较高的技艺，又比较原始，已不多用。

（二）推画制图法

推画制图法又称嵌套式制版法，是伴随着数学及技术的普及而发展起来的，是在标准纸样的基础上，根据数学相似形原理和坐标平移的原理，按照各规格和号型系列之间的差数，将全套纸样画在一张样版纸上，再依此拓画并复制出各规格或号型系列纸样，随着推版技术的发展，推画制图法又分"档差法"、"等分法"和"射线法"等。

服装工业推版一般使用的是毛缝纸样（也可以使用净纸样）。本书推荐介绍的推版方法是目前企业常用的档差法，这种方法又有两种方式：① 以标准纸样作为基准，把其余几个规格在同一张纸版上推放出，然后再一个一个地使用滚轮器复制出，最后再校对；② 以标准纸样作为基准，先推放出相邻的一个规格，剪下并与标准纸样核对，在完全正确的情况下，再以该纸样为基准，放出更大一号的规格，以此类推。对于缩小的规格，采用的方法与放大的过程一样。

二、服装工业推版的基本原理

服装号型、规格系列推版，运用了数学中相似形原理、坐标等差平移原理和任意图形在投影射线中的相似变换原理，图 1-3-1 是任意图形投影射线相似变换原理示意图。

设四边形 $ABCD$ 为 M 档样版，如图 1-3-2，放大后样版 $A_1B_1C_1D_1$ 和 $A_2B_2C_2D_2$，O 点为焦点，则 $AA_1=A_1A_2=BB_1=B_1B_2=\cdots=DD_1=D_1D_2=\triangle_y=$ 档差，三者为相似四边形样版的缩放。

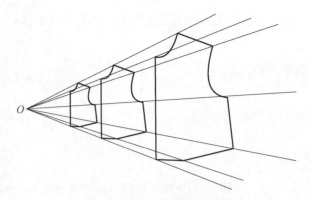

图 1-3-1　图形投影射线相似变换

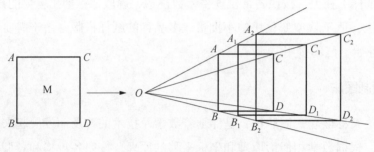

图 1-3-2　正方形的相似变换

服装样版推放、绘制出的成套号型规格系列样版，必须具备三个几何特征，即相似性、平行性和规格档差一致性。

① 同一品种、款型、体型的全套号型规格系列样版，无论大小，都必须保持廓形相似，即相似性。

② 全套号型规格系列样版的各个相同部位的直线、曲线、弧线都必须保持平行，即平行性。

③ 全套号型规格系列样版，由小到大或由大到小依次排列，各相同部位的线条间距必须保持相等的规格档差和结构部位档差，即一致性。

三、服装工业推版共用基准线的定位原理和方法

由于服装样版的品种、款型结构和推版、推画的方法不同，各种衣片样版推画基准中心点和共用基准线也有多种不同的选位定位方法（图 1-3-3～图 1-3-8）。

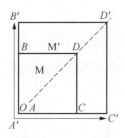

图1-3-3　基准点 *O* 在左下角，基准线为 *AB* 和 *AC*，
分别向上向右单方向推板

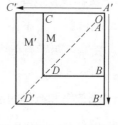

图1-3-4　基准点 *O* 在右上角，基准线为 *AB* 和 *AC*，
分别向下向左单方向推板

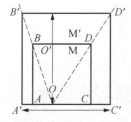

图1-3-5　基准点 *O* 在 *AC* 的边上偏左处，基准线为过
O 的垂直线和 *AC*，分别向上，向左、右双方向推板

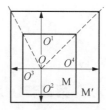

图1-3-6　基准点 *O* 在图的内部，基准线为过 *O* 的垂直
线和水平线，分别向上、下，向左、右双方向推板

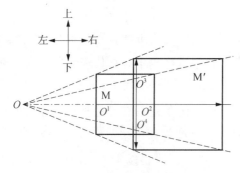

图1-3-7　投影射线法推板

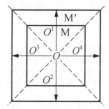

图1-3-8　基准点 *O* 定在图的正中心部，基准线为过 *O* 的
垂直线和水平线，分别向上、下、左、右均等双方向推板

　　通过以上几种方式放大的图形结构、造型形式并没有改变，但前两种方法比较简单。由此可见，服装工业推版的放缩推画基准点和基准线（坐标轴）的定位和选择要注意三个方面的因素：

1. 要适应人体体型变化规律

　　人体体型变化不是每个部位都随身高、胸围同比例地增减的。比如：前胸宽、后背宽、腋深、上裆深等。

2. 有利于保持服装造型、结构的相似和一致

服装造型风格要保持整体的统一，故某些部位不能按比例缩放。如：叠门、驳头、冲肩量、领宽、袋宽、腰带宽等部位基本保持不变。原因是纽扣大小不变，导致叠门大小不变、驳头大小不变。从视觉一致性上考虑某些部位也不成比例变化。

3. 便于推画放缩和纸样的清晰

由于不同人体不同部位的变化并不像正方形的放缩那么简单，而是有着各自增长或缩小的规律，因此在纸样推版时，既要用到上面图形相似放缩的原理来控制"形"，又要按人体的规律来满足"量"。

推版依据

第二节　服装工业推版的依据与步骤

一、选择和确定标准中间码

不论采用什么方法进行服装推版，首先要选择和确定标准码纸样，即基本纸样或封样纸样。基本纸样一般是选择号型系列或订单中提供的各个规格码中具有代表性并能大小兼顾的规格作为基准。

例如，在商场中卖的衬衫后领处缝有尺寸标记，但标记不是只有一种规格，通常的规格有 39、40、41、42、43、44、45 等。绘制纸样时，在这些规格中多选择 41 或 42 规格作为中间规格进行首先绘制。若选择 41 为中间规格，则 39、40 规格以 41 规格为基准进行缩小，39 规格以 40 规格为基准进行缩小，42 规格也以 41 规格为基准进行放大，而 43 规格则又以 42 规格为参考进行放大，以此类推。

选择合适的中间规格主要考虑三个方面的因素：

第一，由于目前大多数推版的工作还是由人工来完成，合适的中间规格在缩放时能减小误差的产生。如果以最小规格去推放其余规格或以最大规格推缩别的规格，产生的误差相对来说会大些，尤其是最大规格推缩别的规格比最小规格推放其余规格的操作过程更麻烦。在服装 CAD 的推版系统中，凭借计算机运算速度快及精确的作图则不会产生上述的问题。

第二，由于纸样绘制可以采用不同的公式或方法进行计算，合适的中间规格在缩放时能减少其产生的差数。

第三，对于批量生产的不同规格服装订单，通过中间规格纸样的排料可以估算出面料

的平均用料，减少浪费，节约成本。

二、绘制基本纸样

确定中间规格之后，开始绘制基本纸样。绘制基本纸样前首先应分析面料的性能对纸样的影响、人体各部位的测量方法与纸样的关系、采用哪种制版方法等，然后绘制出封样用裁剪纸样和工艺纸样，并按裁剪纸样裁剪面料，严格按工艺纸样缝制及后整理，验收样衣并进行封样。

标准中间规格纸样的正确与否将直接影响推版的实施，如果中间规格纸样出现问题，不论推版运用得多么熟练，也没有意义。

三、基准线的确定

基准线类似数学中的坐标轴，从理论上讲，选择任何线作为基准线都是可以的，但是为了推版方便并保证各推版纸样的造型和结构一致，基准线就要进行科学合理的选择。

常用的基准线：

上装中前片一般选取胸围线作为长度方向的基准线，选取前中或搭门线作为围度方向的基准线；后片一般选取胸围线作为长度方向的基准线，选取后中线作为围度方向的基准线；袖子一般选取袖肥线作为长度方向的基准线，袖中线作为围度方向的基准线；领子一般放缩后领中线，基准位置为领尖点。

裤装中一般选取横裆线（或臀围线、腰围线）作为长度方向的基准线，裤中线作为围度方向的基准线。

裙装中一般选取臀围线（或腰围线）作为长度方向的基准线，前、后中线作为围度方向的基准线。圆裙以圆点为基准，多片裙以对折线为基准。

四、推版的放缩约定

纸样的放大与缩小有严格的界限。

放大：远离基准线的方向；

缩小：接近基准线的方向。

只要记住上面两条约定，就可以准确判定推版的放大和缩小的方向。

图1-3-9是女上装衣身原型的放大和缩小约定，胸围线是长度方向的基准线，前、后中线分别是前、后片围度的基准线。

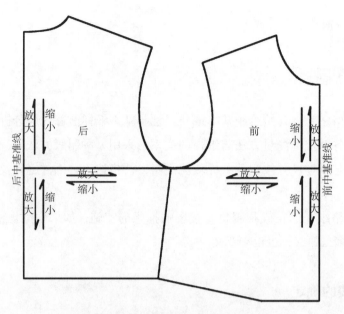

图 1-3-9　女上装衣身原型的放大和缩小约定

五、档差大小及方向的确定

档差的大小根据第二章表 1-2-7 和表 1-2-8 中各部位的分档采用数，这些数值在推版中非常有用，它们就是我们经常所说的档差。档差是指某一款式同一部位相邻规格之差。

在每个图形特征点，档差的计算都有方向性，即具有横向和纵向（二维方向）的方向性。该方向性都是以缩放基点作为原点的二维坐标而定位的，即在第一象限内特征点的方向性为 $x+$、$y+$；在第二象限内特征点的方向性为 $x-$、$y+$；第三象限内特征点的方向性为 $x-$、$y-$；第四象限内特征点的方向性为 $x+$、$y-$。

六、缩放后各档样版的构成

在取得特征点缩放后的具体位置后，用 M 档样版的轮廓图形去构成各档样版的相似图形，尤其注意：肩缝的平行；门襟的平行；底边的平行；背缝的平行；腰节线的平行；胸围线的平行；前袖缝的平行；袖口缝的平行；裤烫迹线的平行；冲肩量的不变；省道量的不变；叠门量的不变；袖山风格的不变；前裆缝风格的不变；各种零部件宽度的不变。

第三节　服装工业推版的技术方法

服装工业推版技术方法因使用工具的不同而有差异，主要差异在于缩放的档差是以整体的形式还是分部的形式、是以点的位移形式还是以线的位移形式，各种分类方法如下。

一、点放码

档差的缩放是以图形特征点的缩放形式进行，即每个图形特征点都以缩放基点为原点确定缩放的正负方向。该方法缩放图形的相似性能得到较好的保证，但计算较繁杂，常用于手工打版和电脑打版。如图 1-3-10 衣身原型点放码。

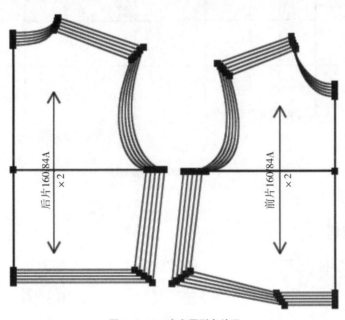

图 1-3-10　衣身原型点放码

二、线放码

将图形纵、横向基础线分别以基点为原点进行正负方向上档差的缩放，该方法计算简单，但图形轮廓的相似性较难保证，较少应用。

三、分割放码

将纵、横方向的档差分别放入纵、横向若干分割线内（分割线的设置根据人体的变化规律而恰当地定位），然后将分割的图形进行位移得到缩放后的图形，此类方法能确保图形特征点的周边图形的相似性，但步骤麻烦，常用于电脑打版。如图 1-3-11 衣身原型分割放码。

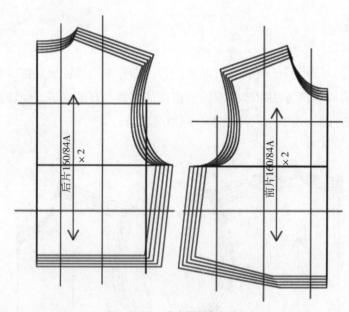

图 1-3-11　衣身原型分割放码

拓展学习资料

原型推版

前片推版

后片推版

PART TWO

第二部分

项目专题实践

裙装起源
与发展 >>>

专题项目一
裙子制版与推版

案例一 / 直裙制版与推版

【案例导入】（图2-1-1）

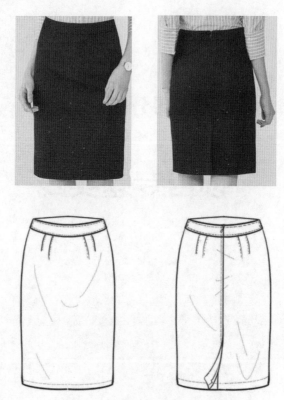

图 2-1-1　直裙成衣实物与款式图

一、款式特点及规格尺寸

款式分析与规格设计

直裙又称为西服裙、一步裙，常用于女套装中，由一个前片和两个后片组成。前片有四个省道，省道大小为前片臀腰差的 1/3，长度约为臀腰深的一半。后片各有两个省道，大小约为后片臀腰差的 1/3。后中设有隐形拉链，长度为 15 cm。后开衩距臀围约为 20 cm，左压右的形式。直裙成品规格尺寸见表 2-1-1。

表 2-1-1 直裙成品规格尺寸

单位：cm

部位 \ 规格	155/64A	160/68A	165/72A	档差
腰围	64	68	72	4
裙长	51.5	54	56.5	2.5
腰节高	17.5	18	18.5	0.5
臀围	90	94	98	4

二、直裙制版原理与方法

（一）制版（图 2-1-2）

制版要点分析：

选取 160/68A 为标准中间规格，以此作为服装生产企业的母版号型，进行基本纸样绘制。

直裙的腰围一般不增加放松量。如果腰围尺寸较松，在人体活动时裙子将会随人体转动，使侧缝、中线离开原有位置，影响裙子的外观。

人体在活动、坐和走动时，臀围尺寸会随之变化。一般人体站立和坐下时臀围尺寸的差量在 3.5 cm 以上，且人体越胖、脂肪层越厚，变化值就越大。因此，直裙臀围放松量应在人体活动的最基本范围内。直裙常使用的梭织面料基本没有弹性，合体型直裙的臀围放松量通常为 4 cm，不同款式的半身裙可根据需要调整臀围放松量。此款直裙为合体型，臀围放松量取 4 cm。

制版时，裙长的成品尺寸由腰头宽和裙片长两部分组成。

1. 前裙片

① 画水平线腰口基础线，画前中线垂直于腰口基础线，前中采用对折处理，在前中线上取一个裙长＋1 cm（损耗量）定底边线。

② 距离腰口基础线一个臀腰深（18 cm）画臀围线，在臀围线上取 H/4＋0.5 作为前臀大，确定臀侧点，过该点作一条平行于前中线的侧缝基础线。

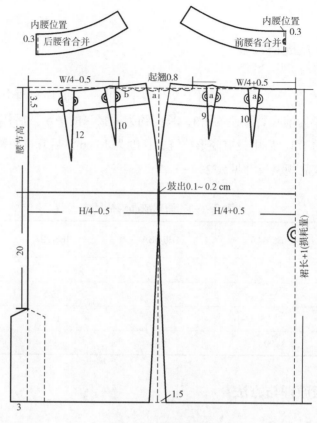

图 2-1-2　直裙结构图

③ 画前侧缝线：取前腰大 W/4＋0.5，前片臀腰差＝（H/4＋0.5）－（W/4＋0.5）＝6.5 cm，前腰两个省道大小约为前片臀腰差的 1/3，约为 2.2 cm，剩余 2.1 cm 在侧缝收掉。在腰口基础线与前侧缝基础线交点处内收 2.1 cm，并顺着侧缝线向上延长 0.8 cm，底边处收进 1.5 cm，画顺前侧缝线。

④ 画前腰线：画顺前腰线，使腰口曲线与前侧缝曲线垂直。

⑤ 画前腰省：在前腰线上三等分设置两个省道，省长分别为 9 cm 和 10 cm，省道大小均为 2.2 cm。

2. 后裙片

① 延长腰口基础线、臀围线及底边线，画出垂直线后中线。

② 在臀围线上取 H/4－0.5 作为后臀大，确定臀侧点，过该点作一条平行于后中线的侧缝基础线。

③ 画后侧缝线：取后腰大 W/4－0.5，后片臀腰差＝（H/4－0.5）－（W/4－0.5）＝6.5 cm，后腰两个省道大小约为后片臀腰差的 1/3，为 2.2 cm，剩余 2.1 cm 在侧缝收掉。在腰口基础线与后侧缝基础线交点处内收 2.1 cm，并顺着侧缝线向上延长 0.8 cm，底边处收进1.5 cm，画顺后侧缝线。

④ 画后腰线：在腰口基础线与后中线交点处下落 1 cm 为后腰中点，画顺后腰线，使腰口曲线与后侧缝曲线垂直。

⑤ 在后中线底摆处画出高 16 cm、宽 3 cm 的箭头后开衩。

⑥ 画后腰省：在后腰线上三等分设置两个省道，靠近后中线的省长为 12 cm，靠近侧缝的省长为 10 cm，省道大小均为 2.2 cm。

3. 腰头

取腰头宽 3.5 cm，在前后裙片的中线和侧缝线上分别自上而下量取 3.5 cm，拷贝出腰头，分别合并前后腰省，形成完整的前后腰头，前腰头前中采用对折处理。

（二）直裙样版绘制与放缝

样版绘制注意事项：该直裙的大身面料开衩采用左后片压住右后片的加工工艺，且两后片面料大小相同。

放缝：

① 腰口处缝份 1 cm。

② 裙折边宽 3 cm。

③ 侧缝、后中缝缝份均为 1 cm。

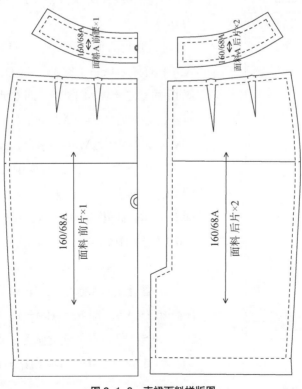

图 2-1-3　直裙面料样版图

三、直裙推版

（一）前片推版（图2-1-4）

选取腰围线为长度方向的基准线，前中线为围度方向的基准线，两线交点为基准点。

1. 长度方向分析

由于 A 点、B 点、C 点位于腰围线上，而腰围线是长度方向的基准线，所以 A 点、B 点、C 点在长度方向的变化量为 0。

由于 D 点、G 点均位于臀围线上，对于长度基准线的距离是一致的，均为一个臀腰深，所以 D 点、G 点在长度方向的变化量均为臀腰深的档差，即 $\triangle D = \triangle G = \triangle$ 臀腰深 $= 0.5$ cm。

由于 E 点、F 点均位于裙摆线上，对于长度基准线的距离是一致的，均为一个裙长，所以 E 点、F 点在长度方向的变化量均为裙长的档差，即 $\triangle E = \triangle F = \triangle$ 裙长 $= 2.5$ cm。

省尖点 I 点、J 点：根据省的绘制过程，I 点和 J 点距离长度基准线约为臀腰深的 1/2，所以 I 点和 J 点在长度方向的变化量为臀腰深档差的 1/2，即 $\triangle I = \triangle J = \triangle$ 臀腰深 $/2 = 0.25$ cm。

2. 围度方向分析

由于 G 点、F 点位于前中线上，而前中线是围度方向的基准线，所以 G 点、F 点在围度方向的变化量为 0。

腰围上的侧缝 C 点：C 点距离围度基准线为 $W/4 + 0.5 + 4.4$ cm（省），即 $CO = W/4 + 4.9$，放大一码后的 $C_1O = W_1/4 + 4.9$，即 C 点的变化量为：$\triangle C = \triangle C_1O - \triangle CO = (W_1/4 + 4.9) - (W/4 + 4.9) = (W_1 - W)/4 = \triangle W/4 = 4/4 = 1$ cm。

臀侧点 D 点：D 点距离围度基准线为 $H/4 + 0.5$，即 $DG = H/4 + 0.5$，放大一码后的 $D_1G = H_1/4 + 0.5$，即 D 点的变化量为：$\triangle D = \triangle D_1G - \triangle DG = (H_1/4 + 0.5) - (H/4 + 4.5) = (H_1 - H)/4 = \triangle H/4 = 4/4 = 1$ cm。

裙摆上的侧缝 E 点：E 点距离围度基准线为 $H/4 + 0.5 - 1.5$，即 $EF = H/4 - 1$，放大一码后的 $E_1F = H_1/4 - 0.5$，即 E 点的变化量为：$\triangle E = \triangle E_1F - \triangle EF = (H_1/4 - 1) - (H/4 - 1) = (H_1 - H)/4 = \triangle H/4 = 4/4 = 1$ cm。

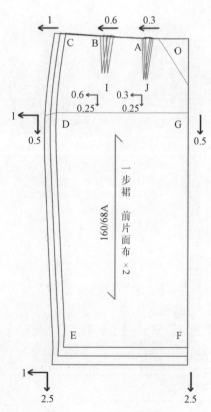

图2-1-4　直裙前片推版

省 A 点、J 点：根据省的绘制过程，A 点距离围度基准线约为前腰线 CO 的 1/3，所以 △A＝（△腰围 /4）×（1/3）＝4/12≈0.33 cm。为方便操作，通常可取 0.3 cm。根据推版时，须保证省道量的不变原则，J 点在围度方向的变化量等于 A 点的变化量，即△J＝△A≈0.3 cm。

省 B 点、I 点：根据省的绘制过程，B 点距离围度基准线约为前腰线 CO 的 2/3，所以 △B＝△腰围 /4×（2/3）＝4/6≈0.66 cm。为方便操作，通常可取 0.6 cm。根据推版时，须保证省道量的不变原则，I 点在围度方向的变化量等于 B 点的变化量，即△I＝△B≈0.6 cm。

3. 推版网状图的绘制

根据长度方向的数值和围度方向的数值确定出放大一个码或缩小一个码的放码点，然后将相邻两档的放码点用直线连接，再按照两点之间的直线距离分别向内外截取一定数量的点，即确定出各规格的放码点。最后，连接各相同规格的放码点。所有规格放码点连接完成后，即形成一张直裙推版网状图。

（二）后片推版（图 2-1-5）

选取腰围线为长度方向的基准线，后中线为围度方向的基准线，两线交点为基准点。

1. 长度方向分析

由于 A 点、B 点、C 点位于腰围线上，而腰围线是长度方向的基准线，所以 A 点、B 点、C 点在长度方向的变化量为 0。

由于 D 点、H 点均位于臀围线上，对于长度基准线的距离是一致的，均为一个臀腰深，所以 D 点、H 点在长度方向的变化量均为臀腰深的档差，即△D＝△H＝△臀腰深＝0.5 cm。或考虑 D 点和 H 点与前裙片的 D 点和 G 点在同一条臀围线上，所以 D 点和 H 点在长度方向上的变化量等于前裙片的 D 点和 G 点，所得结果一样，这样考虑更为简便。

同理，由于 E 点和 F 点与前裙片的 E 点和 F 点在同一条裙摆线上，所以 E 点和 F 点在长度方向上的变化量等于前裙片的 E 点和 F 点，即△E＝△F＝2.5 cm。

裙衩 G 点：为保证型的一致，取裙后开衩的档差为 0.5 cm，由于 F 点的变化量为 2.5 cm，所以△G＝△F－△裙衩＝2.5－0.5＝2 cm。

省尖点 I 点：根据省的绘制过程，I 点距离长度基准线为臀腰深的 2/3，所以 I 点在长度方向的变化量为臀腰深档差的 2/3，即△I＝△臀腰深 ×（2/3）＝1/3≈0.33 cm。

省尖点 J 点：根据省的绘制过程，J 点距离长度基准线为臀腰深的 1/2，所以 J 点在长度方向的变化量为臀腰深档差的 1/2，即△J＝△臀腰深 /2＝0.25 cm。

2. 围度方向分析

由于 H 点、G 点位于后中线上，而后中线是围度方向的基准线，所以 H 点、G 点在围度方向的变化量为 0。

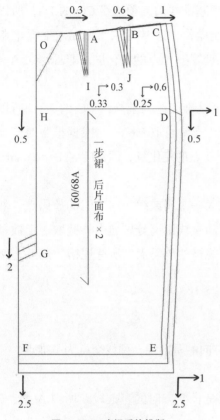

图 2-1-5 直裙后片推版

裙衩 F 点：根据推版时，须保证各种零部件宽度不变的原则，F 点在围度方向的变化量应等于 G 点的变化量，即变化量为 0。

腰围上的侧缝 C 点：C 点距离围度基准线为 W/4－0.5＋4.4 cm（省），即 CO＝W/4＋3.9，所以 C 点的变化量为△C＝△W/4＝4/4＝1 cm。

臀侧点 D 点：D 点距离围度基准线为 H/4－0.5，即 DH＝H/4－0.5，所以 D 点的变化量为△D＝△H/4＝4/4＝1 cm。

裙摆上的侧缝 E 点：E 点距离围度基准线为 H/4－0.5－1.5，所以 E 点的变化量为△E＝△H/4＝4/4＝1 cm。

省 A 点、I 点：根据省的绘制过程，A 点距离围度基准线约为后腰线 CO 的 1/3，所以△A＝△腰围 /4×（1/3）＝4/12≈0.33 cm。为方便操作，通常可取 0.3 cm。根据推版时，须保证省道量的不变原则，I 点在围度方向的变化量等于 A 点的变化量，即△I＝△A≈0.3 cm。

省 B 点、J 点：根据省的绘制过程，B 点距离围度基准线约为后腰线 CO 的 2/3，所以△B＝△腰围 /4×（2/3）＝4/6≈0.66 cm。为方便操作，通常可取 0.6 cm。根据推版时，须保证省道量的不变原则，J 点在围度方向的变化量等于 B 点的变化量，即△J＝△B≈0.6 cm。

3. 推版网状图的绘制

根据长度方向的数值和围度方向的数值确定出放大一个码或缩小一个码的放码点，然后将相邻两档的放码点用直线连接，然后按照两点之间的直线距离分别向内外截取一定数量的点，即确定出各规格的放码点。最后，连接各规格放码点。所有规格放码点连接完成后，即形成一张直裙推版网状图。

（三）裙腰推版（图 2-1-6）

裙腰在推版时要保持腰头的宽度不变，因此只变化裙腰的围度，在腰头的一端放出即可，档差为腰围档差的 1/4，即 1 cm。

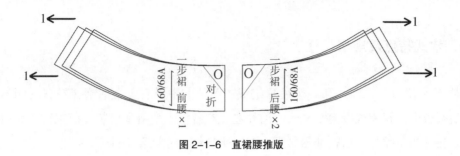

图 2-1-6 直裙腰推版

案例二 / A 字裙制版与推版

【案例导入】（图 2-1-7）

图 2-1-7 A 字裙成衣实物与款式图

一、款式特点及规格尺寸

此款 A 字裙由一个前片和一个后片组成。前片前中设有 1 个活褶，左右两侧各设 1 个活褶，活褶缝合至臀围线以上 3.5 cm。前片左、右各设 1 个斜插口袋，前中钉 4 粒纽扣作为装饰。前腰片为一整片，后腰抽松紧带。A 字裙规格尺寸见表 2-1-2。

表 2-1-2　A 字裙规格尺寸表　　　　　　　　　　单位：cm

规格 部位	155/64A	160/68A	165/72A	档差
臀围	86	90	94	4
腰围松量	58	62	66	4
裙长	72.5	75	77.5	2.5
口袋大	13.2	13.5	13.8	

备注：后腰相根尺寸，根据腰围松量裁剪。

二、直裙制版原理与方法

（一）制版

制版要点分析：

选取 160/68A 为标准中间规格，以此作为服装生产企业的母版号型，进行基本纸样绘制。

半身裙的腰围一般不增加放松量，这样既可满足人体生理需要，又增强了收腰效果。此款 A 字裙因后腰抽松紧带，因此需在净腰围的基础上收缩 6 cm，使得成品腰围为 62 cm。

此款为 A 字裙，裙下摆设 3.5 cm 展开量，故臀围处无需再设置放松量，臀围成品尺寸为净尺寸 90 cm。

制版时，裙长的成品尺寸由腰头宽和裙片长两部分组成（图 2-1-8）。

1. 前裙片

① 画水平线腰口基础线，画前中线垂直于腰口基础线，在前中线上取一个裙长+1 cm（损耗量）定底边线。

② 距离腰口基础线一个臀腰深画臀围线，在臀围线上取 H/4+6.5 cm（褶）作为前臀大，确定臀侧点，过该点作一条平行于前中线的侧缝基础线。

③ 画前侧缝线：在腰口基础线与侧缝基础线交点处内收 2 cm，并顺着侧缝线向上延长

0.8 cm，底边抬高 1 cm，外放 3.5 cm，画顺前侧缝线，使前侧缝线与底边线垂直。

④ 画前腰线：画顺前腰线，使腰口曲线与前侧缝线垂直。

⑤ 画前腰侧褶：自臀侧点沿臀围线向内量取一个口袋大（13.5 cm）找到一点，在此点右侧做一活褶，褶的宽度为 6.5 cm，长度为距离臀围线以上 3.5 cm。为保证前片的收腰效果，在腰口线上的褶两侧各收掉 1.5 cm，即腰口线上褶的宽度为 9.5 cm。

⑥ 画前腰中褶：在前中线两侧各量取 1.5 cm，做前中褶，宽度为 3 cm，再向右量取 1.5 cm 作为褶进去的量，采用对折处理。

2. 后裙片

① 延长腰口基础线、臀围线及底边线，后裙片与前裙片共用侧缝基础线。

② 在臀围线上取 H/4 作为后臀大，过该点作垂直线为后中线，采用对折处理。

③ 画后侧缝线：在腰口基础线与侧缝基础线交点处内收 2 cm，并顺着侧缝线向上延长 0.8 cm，底边抬高 1 cm，外放 3.5 cm，画顺后侧缝线，使后侧缝线与底边线垂直。

④ 画后腰线：在腰口基础线与后中线交点处下落 0.5～1 cm 为后腰中点，画顺后腰线，使腰口曲线与后侧缝线垂直。

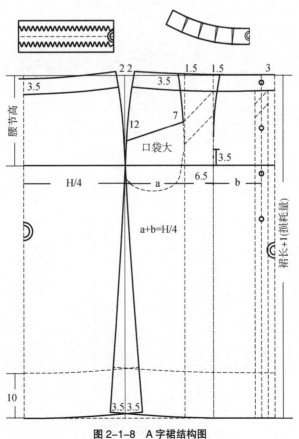

图 2-1-8　A 字裙结构图

3. 腰头

取腰头宽 3.5 cm，在前后裙片的中线和侧缝线上分别自上而下量取 3.5 cm，拷贝出腰头，合并前腰侧褶，形成完整的前腰头，前中采用对折处理；后腰根据腰围成品尺寸及前腰尺寸，后腰抽完松紧的尺寸应为 13.5 cm，样版中后腰的尺寸为 20.5 cm，因此需收掉 7 cm，后中采用对折处理。

4. 口袋

前片侧缝上左右各有两个口袋，口袋由口袋面布和小口袋面布组成，口袋大 13.5 cm。

口袋面布：在腰口基础线分别沿侧缝线和褶线向下量取 12 cm 和 7 cm，连接两点，作为口袋斜插线，口袋下沿表示方法如图 2-1-8 所示，长度约为臀围线以下 5 cm。

小口袋面布：小口袋面布缝合在前裙片内侧，纸样结构与口袋面布斜插线以下部分一致。

（二）A 字裙样版绘制与放缝

样版绘制注意事项：该 A 字裙的大身面料分为前裙片、后裙片、前腰头、后腰头，口袋面布及小口袋面布。

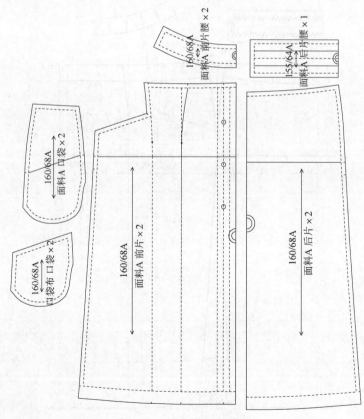

图 2-1-9　A 字裙面料样板图

放缝:

① 面料前腰头裁剪纸样宽度为两倍腰头宽,前、后腰头缝份均为 1 cm。

② 面料裙片折边宽 10 cm,里料底边缝份 1 cm。

③ 面料、里料侧缝缝份 1 cm。

④ 面料、里料后中缝份 1 cm。

⑤ 口袋无里料,缝份 1 cm。

三、A 字裙推版

(一)前片推版(2-1-10)

选取臀围线为长度方向的基准线,前中线为围度方向的基准线,两线交点为基准点。

1. 长度方向分析

由于 G 点位于臀围线上,而臀围线是长度方向的基准线,所以 G 点在长度方向的变化量为 0。

由于 A 点、B 点、C 点、D 点均位于腰围线上,对于长度基准线的距离是一致的,均为一个臀腰深,所以 A 点、B 点、C 点、D 点在长度方向的变化量均为臀腰深的档差,即 $\triangle A=\triangle B=\triangle C=\triangle D=\triangle$ 臀腰深 $=0.5$ cm。

由于 E 点、F 点均位于口袋斜插线上,为保证口袋型的一致,E 点和 F 点在长度方向的变化量相同。又因 E 点和 F 点距离腰围线约为臀腰深的 1/2,所以 E 点和 F 点在长度方向的变化量应为臀腰深档差的一半,即 $\triangle E=\triangle F=\triangle$ 臀腰深 $/2=0.25$ cm。为方便操作,通常可取 0.3 cm。

由于 H 点、I 点、J 点、K 点均位于裙摆线上,对于长度基准线的距离是一致的,所以 H 点、I 点、J 点、K 点在长度方向的变化量相同。我们知道裙长的档差为 2.5 cm,整个裙长被臀围线分成了上、下两部分,已知臀围线以上部分变化了 0.5 cm,所以 $\triangle H=\triangle I=\triangle J=\triangle K=\triangle$ 裙长 $-0.5=2$ cm。

2. 围度方向分析

由于 A 点、K 点位于前中线上,而前中线是围度方向的基准线,所以 A 点、K 点在围度方向的变化量为 0。

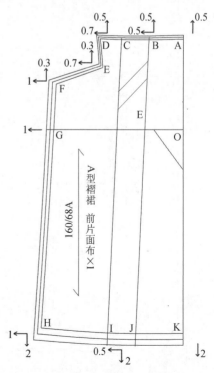

图 2-1-10 A 字裙前片推版图

侧缝 F 点、G 点和 H 点：因为 F 点、G 点、H 点均在一条侧缝线上，所以 F 点、G 点、H 点在围度方向的变化量相同，即 △F＝△H＝△G＝1 cm。

褶上的 B 点、C 点、I 点和 J 点：根据推版时，须保证褶的大小不变原则，B 点、C 点、I 点和 J 点在围度方向的变化量应一致。前臀围被褶分成两份，为了计算方便，大致认为褶在前臀围的中间部位，这样 B 点、C 点、I 点和 J 点的变化量约为 G 点变化量的一半，即 △B＝△C＝△I＝△J＝△G/2＝0.5 cm。

D 点和 E 点：D 点与 C 点相关，但在实际的绘制中，D 点变化量稍微比 C 点大，在本例中，D 点变化量取 0.7 cm。因 DE 也是口袋上的一条线，为保证推版时口袋的型的一致，E 点的变化量应与 D 点一致，即 △D＝△E＝0.7 cm。

3. 推版网状图的绘制

根据长度方向的数值和围度方向的数值确定出放大一个码或缩小一个码的放码点，然后将相邻两档的放码点用直线连接，再按照两点之间的直线距离分别向内外截取一定数量的点，即确定出各规格的放码点。最后，连接各相同规格的放码点。所有规格放码点连接完成后，即形成一张直裙推版网状图。

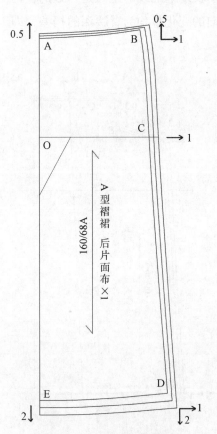

图 2-1-11　A 字裙后片推版图

（二）后片推版（2-1-11）

选取臀围线为长度方向的基准线，后中线为围度方向的基准线，两线交点为基准点。

1. 长度方向分析

由于 C 点位于臀围线上，而臀围线是长度方向的基准线，所以 C 点在长度方向的变化量为 0。

由于 A 点、B 点均位于腰围线上，对于长度基准线的距离是一致的，均为一个臀腰深，所以 A 点、B 点在长度方向的变化量均为臀腰深的档差，即 △A＝△B＝△臀腰深＝0.5 cm。或考虑 A 点、B 点与前裙片的 A 点在同一条臀围线上，所以 A 点、B 点在长度方向上的变化量等于前裙片的 A 点，所得结果一样，这样考虑更为简便。

同理，由于 D 点和 E 点与前裙片的 H 点和 K 点在同一条裙摆线上，所以 D 点和 E 点在长度方向上的变化量等于前裙片的 H 点和 K 点，即 △D＝△E＝2 cm。

2. 围度方向分析

由于 A 点、E 点位于后中线上，而后中线是围度方向的基准线，所以 A 点、E 点在围度方向的变化量为 0。

臀侧点 C 点：C 点距离围度基准线为 H/4，所以 $\triangle C = \triangle H/4 = 4/4 = 1$ cm。

B 点和 D 点：因为 B 点、C 点、D 点均在一条侧缝线上，所以 B 点、C 点、D 点在围度方向的变化量相同，即 $\triangle B = \triangle C = \triangle D = 1$ cm。

3. 推版网状图的绘制

根据长度方向的数值和围度方向的数值确定出放大一个码或缩小一个码的放码点，然后将相邻两档的放码点用直线连接，然后按照两点之间的直线距离分别向内外截取一定数量的点，即确定出各规格的放码点。最后，连接各规格放码点。所有规格放码点连接完成后，即形成一张直裙推版网状图。

（三）零部件推版

1. 口袋（图 2-1-12）

一般来说，口袋的大小会随着号型的变化而变化，本例中，我们取口袋深长度档差 1 cm，口袋宽档差 0.3 cm。

长度方向分析：

由于 A 点和 B 点与前裙片的 A 点在同一条腰围线上，所以 A 点和 B 点在长度方向上的变化量等于前裙片的 A 点，即 $\triangle A = \triangle B = 0.5$ cm。

E 点和 O 点与前裙片的 F 点和 E 点相缝合，所以 E 点和 O 点在长度方向上的变化量等于前裙片的 F 点和 E 点，即 $\triangle E = \triangle O = 0.3$ cm。

C 点和 D 点距离口袋上边线为一个口袋深档差，已知 A 点和 B 点变化了 0.5 cm，所以 $\triangle C = \triangle D = \triangle 口袋深 - 0.5$ cm $= 0.5$ cm。

围度方向分析：

口袋宽的档差为 0.3 cm，因此只在口袋的一侧放出 0.3 cm 即可，本例在 AED 这条线上放出，所以 $\triangle A = \triangle E = \triangle D = \triangle 口袋宽 = 0.3$ cm，B 点、O 点和 C 点在围度方向的变化量为 0。

小口袋面布放码点的放缩数据与口袋面布相应的放码点完全一致，在此不再赘述。

2. 腰头

裙腰在推版时要保持腰头的宽度不变，因此只变化裙腰的围度，在腰头的一端放出即可，档差为腰围档差的 1/4，即 1 cm。

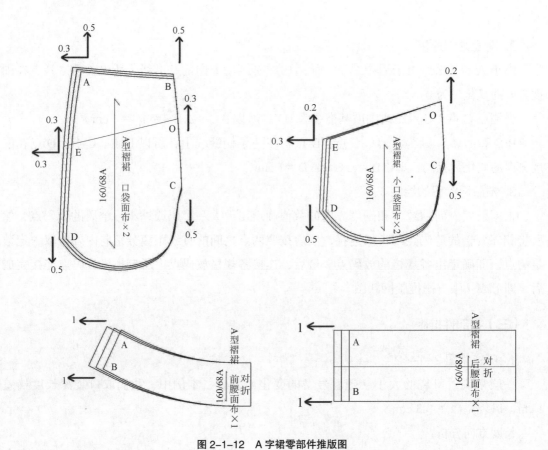

图 2-1-12　A 字裙零部件推版图

　　马面裙是我国明代时期女性着装中典型的裙子款式，其特点是在裙子的腰部和裙摆处镶有马头和马面形状的饰物，成为中国传统文化的重要组成部分之一。

　　请分析马面裙的文化内涵及款式特点，结合现代社会生活需要及流行元素，在保持马面裙基本特征和韵味的基础上进行改良设计，并完成全套号型工业样版绘制。

要求：

　　1. 马面裙分析。从马面裙传承与发展的角度，谈一下其所蕴含的文化底蕴和美学价值，分析作为一种服装载体对社会所产生的影响。

　　2. 效果图、款式图绘制。绘制出效果图、款式图的正背面，并分析其特点。

　　3. 规格设计。设计全套号型的规格尺寸表。

　　4. 基础样版绘制。以科学严谨的精神进行基础样版绘制，版型准确合理、标注符合标准且齐全。

　　5. 推版。根据推版原理以手工或者 CAD 形式完成 5 个码的推放，推版过程要合理、推版数据需准确，推版图型应规范。

专题项目二
裤子制版与推版

裤子起源
与发展

案例一 / 男西裤制版与推版

【案例导入】（图 2-2-1）

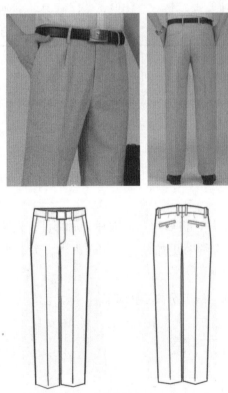

图 2-2-1　男西裤成衣实物与款式图

一、款式特点及规格尺寸

男西裤作为经典的穿着单品，主要由两个前片、两个后片组成，后片绱腰，有腰带襻，前面斜插袋，后面双嵌线口袋，前片有褶，后片有腰省，前中有门、里襟，上拉链。男西裤成品规格尺寸见表2-2-1。

表2-2-1 男西裤成品规格尺寸 单位：cm

部位＼规格	170/76A	175/78A	180/80A	档差
臀围	98.4	100	101.6	1.6
腰围	78	80	82	2
中裆	44	45	46	1
脚口围	38	39	40	1
立裆深	23.25	24	24.75	0.75
身高	170	175	180	5
裤长	100	103	106	3
口袋大	14.5	15	15.5	0.5

二、男西裤制版原理与方法

（一）制版（图2-2-2）

制版要点分析：

① 选取175/78A为标准中间规格，以此作为服装生产企业的母版号型进行基本纸样绘制。

② 男西裤制图按照先前片，再后片，先大片，后部件，先基础，再分段的顺序进行制图，为了使大小裆工艺处理合缝时更加贴合、符合人体，大、小裆是在其框架基础上通过旋转的方法得到。

③ 中裆线的确定是距横裆线五分之一的身高。

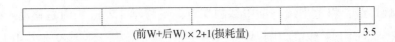

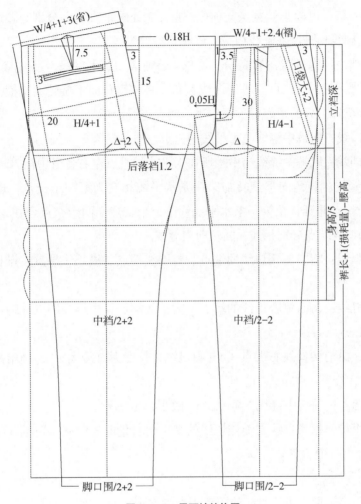

图 2-2-2　男西裤结构图

1. 前裤片

① 画矩形，矩形的宽为臀围 /2＋臀围 ×0.18，矩形的长为裤长＋1 cm（损耗量）－腰高，在矩形的长上向下量取立裆深（24 cm），再量取身高 /5（35 cm），分别画水平线，确定腰口基础线、横裆基础线、中裆基础线和脚口基础线。将立裆深三等分，向上量取 1/3，画水平线，确定臀围线。

② 在臀围线上取臀围 /4－1 cm 作为前臀大，向上延长与腰口基础线相交获得前中线，从该交点沿腰口基础线向左量臀围 ×0.18 确定窜门宽。

③ 画前腰口线：将上平线与前中线的交点向下移动 1.2 cm、向右移动 1 cm 后获得一个新点，从该新点向上平线量腰围 /4−1＋2.4 cm（褶量）与上平线交于一点，两点连线获得前腰口线。

④ 画前裤中缝：过前小裆宽点与前侧缝的 1/2 处画垂直线，分别与腰口基础线、横裆基础线、中裆基础线和脚口基础线相交，该线为裤中缝线。

⑤ 画前横裆线：将身高 /5 四等分，在 2/4 处画第一条水平线，过臀围线与前中线的交点向外量 0.05（臀围），过该点画垂线形成直角，将该直角向下旋转，交横裆所在水平线于一点，量取该点至裤中缝的距离对称至右边，两点连线为横裆线。

⑥ 画前脚口线：取裤中缝线与下平线的交点左右各量脚口 /4−1。

⑦ 画前中裆线：取裤中缝线与中裆所在水平线的交点左右各量中裆 /4−1。

⑧ 画前内缝线：直角向下旋转与第一条水平线相交为第一个交点，连接脚口线和中裆线内侧的两个交点并延长至第一条水平线或第二个交点，两个交点合并，将横裆线端点、中裆线端点、脚口线端点分别相连并圆顺前内缝线。

⑨ 画前裆弧线：将右侧腰口线的端点、臀围线端点、横裆线端点三点相连并圆顺为前裆弧线。

⑩ 画前侧缝线：将右侧腰口线的端点、横裆线端点、中裆线端点、脚口线端点分别相连并圆顺。

⑪ 画口袋：沿前腰口线右端点 3 cm 画斜线，长度为口袋大＋2，画出插袋袋口，口袋布长 30 cm 左右，袋宽 15 cm 左右。

⑫ 画前腰褶：过前裤中缝线左侧 0.5 cm 做 2.4 cm 的褶。

⑬ 画门、里襟：据腰口线与前裆弯线的交点向右量取 3.5 cm，臀围线与前裆弯线的交点下量 1 cm，画出门襟、里襟。

2. 后裤片

① 后中线距离矩形左边垂直线的距离为臀围 /4＋1 cm，确定后臀大。

② 画后腰口线：按照 15∶3 确定后裆斜线，延长至上水平线后，继续延长 2.5～3 cm 的起翘量，从该点往上水平线量取 W/4＋1＋3，圆顺获得后片腰口线。

③ 画后裆弧线：方法同前片，将 H/5 四等分，在其 2/4、3/4 处分别画水平线，将直角转动，后落裆量为 1.2 cm。

④ 画后裤中缝：过后中基础线与中裆基础线的交点向内量取△−2 画垂直线，分别与腰口基础线、横裆基础线、中裆基础线和脚口基础线相交，该线为裤中缝线。

⑤ 画后中裆线：以裤中缝线与中裆所在水平线的交点为基准，左右各量取（中裆 /4＋1）/2。

⑥ 画后脚口线：以裤中缝线与下平线的交点为基准，左右各量取（脚口围 /4＋1）/2。

⑦ 画后内缝线：后裤片中裆线和脚口线内侧端点连接并向上延长至一点，与落裆后的新点连接并圆顺，该点到后裤中缝的距离对称至左侧。

⑧ 画后侧缝线：将右侧腰口线的端点、横裆线端点、中裆线端点、脚口线端点分别相连并圆顺。

⑨ 画后侧缝线：将后腰口线的左端点、臀围线的左端点、横裆线左端点、中裆线左端点、脚口线左端点分别相连并圆顺。

⑩ 画后腰省：将后腰口线大致分为 2 份，以等分点为省中心点，省垂直于腰口线，省大 3 cm，省长 7.5 cm。

⑪ 画后插袋：画腰口线的平行线，以省尖为中点在平行线上左右各量取 6.5 cm 左右画双嵌线口袋袋口，将袋口两个端点在平行线上各量 3 cm 为口袋布宽，口袋长 20 cm 左右。

大小裆底局部见图 2-2-3。

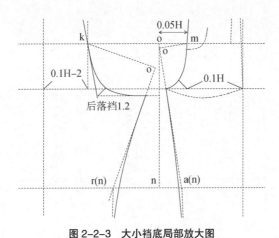

图 2-2-3　大小裆底局部放大图

（二）男西裤样版绘制与放缝（图 2-2-4）

放缝：

① 裤口折边宽 3.5 cm。

② 后口袋和的上口缝份 2.5 cm，左右缝份 1.5 cm。

③ 后裆弯线缝份 2.5 cm，至裆底缝份 1 cm。

④ 其他部位缝份都是 1 cm。

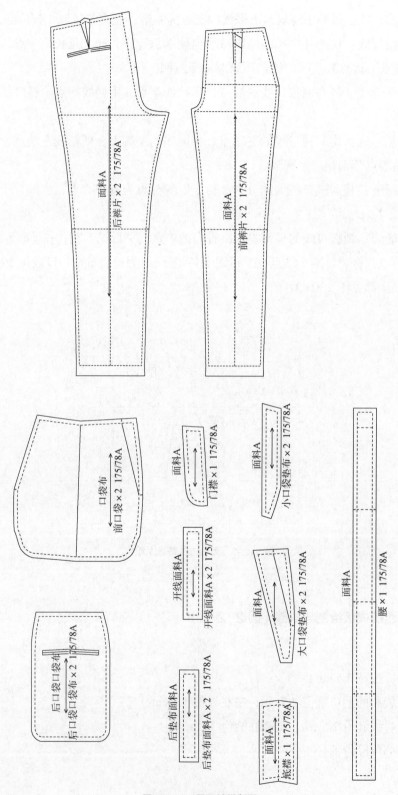

图 2-2-4　男西裤样版图

三、 男西裤推版

（一）前裤片推版（图2-2-5）

选取前横裆线为长度方向的基准线，前裤中线为围度方向的基准线，两线交点 O 为基准点。

1. 长度方向分析

E 点、J 点均位于横裆线上，横裆线是长度方向的基准线，所以 E 点、J 点在长度方向的变化量为 0。

A 点由上平线向下向右移动固定长度获得，B 点、C 点在腰口线上，且 C 点在上平线上，上平线距离横裆线的距离为一个立裆深，所以 A 点、B 点、C 点在长度方向的变化量均为立裆深的档差，即△A＝△B＝△C＝△立裆深＝0.75 cm。

D 点、K 点均位于臀围线上，对于长度基准线的距离为 1/3 立裆深，所以 D 点、K 点在长度方向的变化量为臀腰深的档差的三分之一，即
△D＝△K＝1/3×△立裆深＝0.25 cm。

H 点、G 点均位于脚口线上，对于长度基准线的距离为一个裤长去掉一个立裆深，所以 H 点、G 点在长度方向的变化量为△H＝△G＝△裤长－△立裆深＝3－0.75＝2.25 cm。

F 点、I 点均位于中裆线上，对于长度基准线的距离是五分之一的身高，所以 F 点、I 点在长度方向的变化量为△F＝△I＝1/5×△身高＝1/5×5＝1 cm。

2. 围度方向分析

A 点、C 点均位于腰围线上，AC＝W/4－1＋2.4 cm，所以△A＝△C＝1/8×△腰围＝1/8×2＝0.25 cm。

B 点位于裤中线上，裤中线是围度方向的基准线，所以 B 点在围度方向的变化量为 0。

D 点、E 点和 F 点、G 点均在前侧缝线上，所以△D＝△E＝△F＝△G＝0.25 cm。

E 点、J 点均位于横裆线上，且 EJ 的距离被裤中缝平分，△E＝△J＝0.25 cm。

D 点、K 点均位于臀围线上，DK＝H/4－1，△DK＝1/4×△臀围＝1/4×1.6＝0.4 cm，所以△K＝△DK－

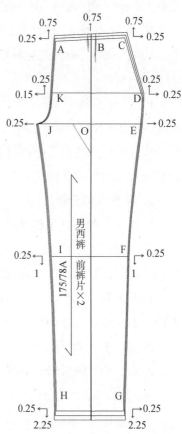

图 2-2-5　男西裤前片推版图

△D＝0.4－0.25＝0.15 cm。

F 点、I 点均位于中裆线上，对于围度基准线的距离相等，所以 F 点、I 点在长度方向的变化量为△F＝△I＝1/4×△中裆＝1/4×1＝0.25 cm。

H 点、G 点均位于脚口线上，对于围度基准线的距离相等，所以 H 点、G 点在围度方向的变化量为△H＝△G＝1/4×△裤口围＝1/4×1＝0.25 cm。

（二）后裤片推版（图 2-2-6）

选取后横裆线为长度方向的基准线，后裤中线为围度方向的基准线，两线交点 O 为基准点。

1. 长度方向分析

H 点、C 点位于横裆线上，横裆线是长度方向的基准线，所以，H 点、C 点在长度方向的变化量为 0。

A 点、J 点、K 点在腰口线上，距离横裆线一个立裆深，所以 A 点、J 点、K 点在长度方向的变化量均为立裆深的档差，即△A＝△J＝△K＝△立裆深＝0.75 cm。若省本身长度变化 0.2 cm，则△L＝△K－0.2＝0.75－0.2＝0.55 cm。

B 点、I 点均位于臀围线上，对于长度基准线的距离相等，均为 1/3 立裆深，所以 B 点、I 点在长度方向的变化量均为臀腰深的档差的三分之一，即△B＝△I＝1/3×△立裆深＝0.25 cm。

F 点、E 点均位于脚口线上，对于长度基准线的距离是一个裤长去掉一个立裆深，所以 F 点、E 点在长度方向的变化量为△F＝△E＝△裤长－△立裆深＝3－0.75＝2.25 cm。

D 点、G 点均位于中裆线上，对于长度基准线的距离是五分之一的身高，所以 D 点、G 点在长度方向的变化量为△D＝△G＝1/5×△身高＝1/5×5＝1 cm。

2. 围度方向分析

H 点、C 点均位于横裆线且沿裤中缝对称，HC 的长度等于 BI 的长度加一个大裆宽，大裆宽度约为臀围/10，这里取其档差为 0.2 cm，△HC＝1/4×△臀围＋0.2＝1/4×1.6＋0.2＝0.6 cm，则 H 点、C 点的档差△H＝△C＝1/2×△HC＝1/2×0.6＝0.3 cm。

I 点在后侧缝线上，△I＝△H＝0.3 cm，因为△BI＝1/4×1.6＝0.4 cm，所以△B＝△BI－△I＝0.4－0.3＝0.1 cm。

A 点位于后裆斜线上，其斜度可保持不变，因此△A＝△B＝0.1 cm。

A 点、J 点位于腰围线上，AJ＝1/4×腰围＋1＋3 cm，△AJ＝1/4×△W＝1/4×2＝0.5 cm，所以△J＝△AJ－△A＝0.5－0.1＝0.4 cm。

G 点、D 点均位于中裆线上，距围度基准线的距离相等，所以 G 点、D 点在围度方向的变化量为△G＝△D＝1/4×△中裆＝1/4×1＝0.25 cm。

F点、E点均位于脚口线上，距围度基准线的距离相等，所以F点、E点在围度方向的变化量为△F＝△E＝1/4×△裤口围＝1/4×1＝0.25 cm。

（三）腰省推版（图2-2-6）

根据省的位置与围度基准线的关系，设置K点和L点在围度方向的变化量，即△K＝△L＝0.2 cm。

根据省道长度占直裆的距离比例，设置省尖点L在长度方向的变化量，即△L＝0.55 cm。而K点在腰围线上，其长度方向的变化量与腰围线变化一致，即△K＝0.75 cm。

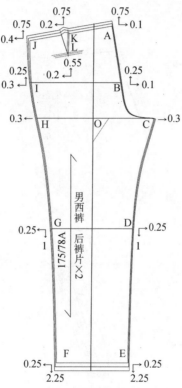

图 2-2-6 男西裤后片推版图

（四）零部件推版（图2-2-7）

零部件推版一般将基准线和基准点选在样版上，尽量减少样版上各结构点的移动。

① 腰头：若腰头全部长度画出，在推版时保持腰头的宽度不变，只变裤腰的围度，在左右两侧各变化 0.5 cm。

② 后口袋布：宽度方向变化量为 0.5 cm，以口袋上口线和一个边线为基准线，只需在另一个侧边完成围度变化 0.5 cm，后开线垫布围度变化 0.5 cm，方法同上。

③ 前口袋布长度变化 0.5 cm，因此，长度方向△A＝△B＝△C＝△D＝0.5 cm。

④ 前片垫布和前片小袋垫布长度变化 0.5 cm。

⑤ 男西裤口袋布宽度总体变化 0.5 cm，长度变化 0.5 cm，具体推版数据如图 2-2-7。

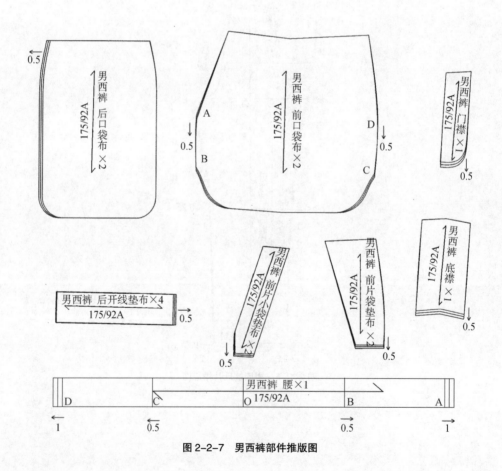

图 2-2-7　男西裤部件推版图

案例二 / 女式牛仔裤制版与推版

【案例导入】（图 2-2-8 ）

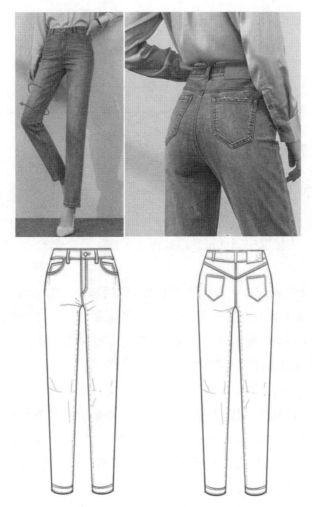

图 2-2-8　女式牛仔裤成衣实物与款式图

一、款式特点及规格尺寸

　　牛仔裤作为经典的穿着单品，主要由两个前片、两个后片组成，后片绱腰，有腰带襻，裤型合身，前面挖袋，后面贴袋，前中有门、里襟，装拉链。牛仔裤成品规格尺寸见表 2-2-2。

表 2-2-2　女式牛仔裤成品规格尺寸 　　　　　　　　　　　　　单位：cm

部位 ＼ 规格	155/65A	160/68A	165/71A	档差
臀围	89	92	95	3
腰围	65	68	71	3
中档	36.5	38	39.5	1.5
脚口围	30.5	32	33.5	1.5
立档深	24.2	24.8	25.4	0.6
身高	155	160	165	5
裤长	94	97	100	3

二、女式牛仔裤制版原理与方法

（一）制版（图2-2-9）

制版要点分析：

① 选取 160/68A 为标准中间规格，以此作为服装生产企业的母版号型，进行基本纸样绘制。

② 牛仔裤制图按照先前片，再后片；先大片，后部件；先基础，再分段的顺序进行。需要先画出基础线，依次是侧缝基础线、腰口基础线、横档线、裤口线、臀围线和中档线。

③ 牛仔裤制图大小档的确定都是将两条直角边旋转移动获得，没有直接确定大小档的长度，这与以往的制图方法有所区别。

1. 前裤片

① 画矩形，矩形的宽为臀围 /2＋臀围 ×0.18，矩形的长为裤长＋1 cm（损耗量），在矩形的长度方向向下量取立档深（24.8 cm），再量取 h/5（32 cm），分别画水平线，确定上平线、腰口基础线、横档基础线、中档基础线和脚口基础线。将立档深三等分，向上量取 1/3，画水平线，确定臀围基础线。

② 在臀围基础线上取 H/4－1 cm 作为前臀大，向上延长与腰口基础线相交获得前中线，从该交点沿腰口基础线向左量取 H×0.18 确定窿门宽。

③ 画前腰口线：将上平线与前中线的交点向下移动 1.5 cm、向右移动 1.2 cm 后获得一个新点，从该新点向上平线量取尺寸 W/4－1＋2 cm 与上平线交于一点，两点连线画顺获得前腰口线。

④ 画前裤中缝：前中基础线与臀围基础线的交点向右量取 0.1H，沿该点画垂直线，分别与腰口基础线、横档基础线、中档基础线和脚口基础线相交，该线为裤中缝线。

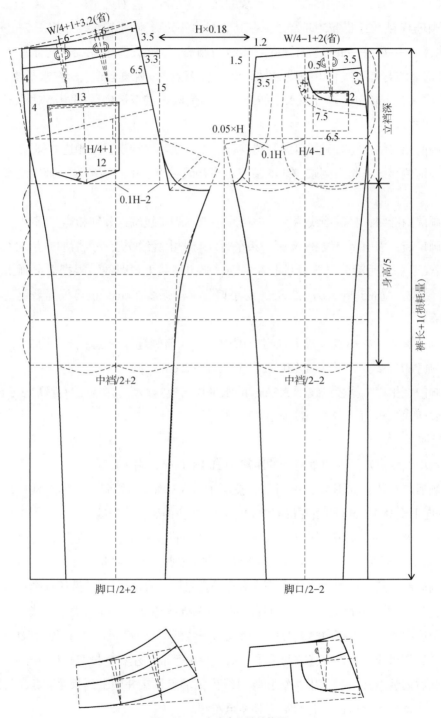

图 2-2-9 女式牛仔裤结构图

⑤ 画前中裆线：以裤中缝线与中裆所在水平线的交点为基准，左右各量取中裆 /4−1。

⑥ 画前脚口线：以裤中缝线与下平线的交点为基准，左右各量取脚口 /4−1。

⑦ 画前横裆线：将 h/5 四等分，在其 2/4、3/4 处分别画水平线，如图 2-2-10 所示，过 m 点作 mo＝0.05H，on 垂直于 mo，以 m 为圆心，以 mo 为半径旋转与水平线交于新 n 点，将前内缝线与脚口线和中裆线的两个交点连接延长并圆顺至 n 点所在水平线 a 点，n 与 a 点重合为一点。on 交横裆所在水平线于一点，量取该点至裤中缝的距离对称至右边，两点连线为横裆线。

⑧ 画前裆弧线：将右侧腰口线的端点、m 点、横裆线端点三点相连并圆顺。

⑨ 画前侧缝线：将右侧腰口线的端点、横裆线端点、中裆线端点、脚口线端点相连并圆顺。

⑩ 画前内缝线：将横裆线端点、中裆线端点、脚口线端点分别相连并圆顺。

⑪ 画口袋：沿前腰口线 3 cm 画一条平行线与裤中缝线交于一点后向右量取 0.5 cm，与前侧缝线交于一点后沿前侧缝线量取 6.5 cm，画出口袋上口弧线，根据需要画出完整小口袋。前小贴袋，宽 6.5 cm，高 7.5 cm，距小口袋上口弧线 2 cm，也可根据需要适当调整位置和大小。

⑫ 画前腰省：在前腰口线上取与前裤中缝线和前侧缝线交点距离大约 1/2，垂直于前腰口线，画省中心线，省尖交于袋口弧线上，省大 2 cm。

⑬ 画门、里襟：据腰口线下 3.5 cm 的水平线与前裆弯线的交点向右量取 3.5 cm，臀围线与前裆弯线的交点下量 2.5 cm，画出门、里襟。

2. 后裤片

① 后中线距离矩形左边垂直线的距离为 H/4＋1 cm，确定后臀大。

② 画后腰口线：如图 2-2-9 所示，按照 15∶3.3 确定后裆斜线并向上延长，画出腰头辅助线，向下调整 1.5 cm 圆顺并量取 W/4＋1＋3.2 获得后片腰口线。

③ 画后裆弧线：方法同前片，如图 2-2-10，将 h/5 四等分，在其 2/4、3/4 处分别画水平线，以 ko 为半径，k 点为圆心，向下转动交于 r 点，后落裆量为 1.2 cm。

④ 画后裤中缝：如图 2-2-9 所示，k 点向左量取 0.1H−2 cm，沿该点画垂直线，分别与腰口基础线、横裆基础线、中裆基础线和脚口基础线相交，该线为裤中缝线。

⑤ 画后中裆线：以裤中缝线与中裆所在水平线的交点为基准，左右各量取中裆 /4＋1。

⑥ 画后脚口线：以裤中缝线与下平线的交点为基准，左右各量取脚口 /4＋1。

⑦ 画后内缝线：后裤片中裆线和脚口线内侧端点连接并向上延长至 r 点，与落裆后的新点连接并圆顺。r 到后裤中缝的距离对称至左侧。

⑧ 画后侧缝线：将右侧腰口线的端点、横裆线端点、中裆线端点、脚口线端点分别相连并圆顺。

⑨ 画后侧缝线：将后腰口线的左端点、臀围线的左端点、r 到后裤中缝的距离对称至左侧的点、中裆线左端点、脚口线左端点分别相连并圆顺。

⑩ 画后腰省：将后腰口线分为三份，以等分点为省中心点，距离 3.5 cm 画后腰口线的平行线与后侧缝线和后裆弯线交于两点，过这两点沿后侧缝线和后裆弯线分别量取 4 cm 和 6.5 cm，获得新点，新点连线获得斜线，将斜线分为三份，获得两省的省尖点。分别连接省中心点和省尖点，注意在确定省中心点与省尖点时尽量保持省中线与后腰口线的垂直，可适当调整位置。省大都为 1.6 cm。

⑪ 画后贴袋：省尖所在斜线与辅助线交于一点，过该点分别向下 2 cm 和向右量取 4 cm，获得新点为后贴袋上口左端点，过该点作上袋口长度 13 cm，贴袋上口线平行于后片腰分割线，取上袋口的中点画垂线，长度 14 cm，袋口下宽 12 cm。

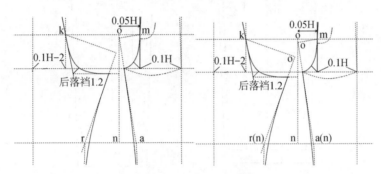

图 2-2-10 大小裆底局部放大图

3. 腰头

取腰头宽 3.5 cm，在前后腰口线分别自上而下量取 3.5 cm，拷贝出腰头，分别合并前后腰省，形成完整的前后腰头。

（二）女式牛仔裤样版绘制与放缝（图 2-2-11）

放缝：

① 裤口折边宽 3.5 cm。

② 后贴袋的上口缝份 2.5 cm，左右缝份 1.5 cm，前片小口袋上口缝份 2 cm，左右缝份 1 cm。

③ 其他部位缝份都是 1 cm。

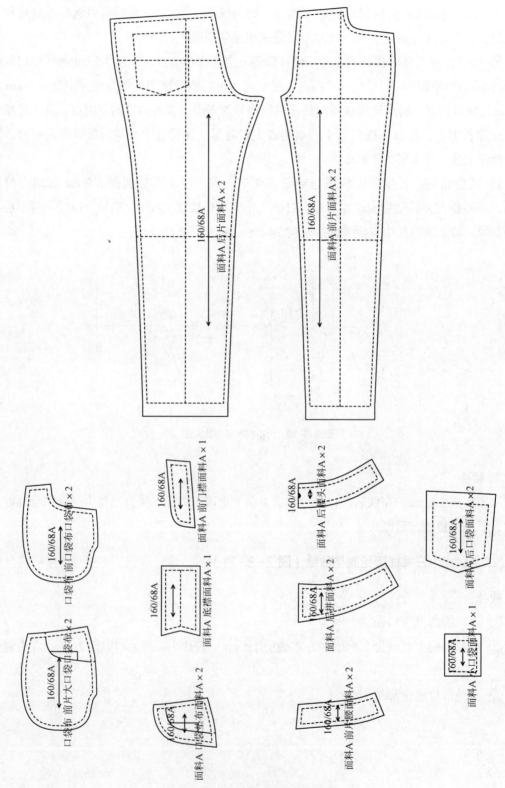

图 2-2-11　女式牛仔裤面料样版图

三、牛仔裤推版

(一)前裤片推版(图2-2-12)

选取前横裆线为长度方向的基准线,前裤中线为围度方向的基准线,两线交点 O 为基准点。

1. 长度方向分析

E 点、J 点均位于横裆线上,而横裆线是长度方向的基准线,所以,E 点、J 点在长度方向的变化量为 0。

A 点是由上平线向下向右固定移动定长度获得,B 点位于腰口线平移 3.5 cm 的弧线上,上平线距离横裆线的距离为一个立裆深减去固定长度 3.5 cm,所以 A 点、B 点在长度方向的变化量均为立裆深的档差,即 △A=△B=△立裆深=0.6 cm。

C 点是前弯袋与前侧缝的交点,这款女士牛仔裤前袋口的深度有 0.1 cm 的变化量,所以 C 点在长度方向的变化量为 △C=△立裆深−0.1=0.6−0.1=0.5 cm。

D 点、K 点均位于臀围线上,对于长度基准线的距离是一致的,均为 1/3 立裆深,所以 D 点、K 点在长度方向的变化量均为臀腰深的档差的三分之一,即 △D=△K=1/3×△立裆深=0.2 cm。

H 点、G 点均位于脚口线上,对于长度基准线的距离是一致的,均为一个裤长去掉一个立裆深,所以 H 点、G 点在长度方向的变化量为 △H=△G=△裤长−△立裆深=3−0.6=2.4 cm。

F 点、I 点均位于中裆线上,对于长度基准线的距离是一致的,均为五分之一的身高,所以 F 点、I 点在长度方向的变化量为 △F=△I=1/5△身高=1/5×5=1 cm。

2. 围度方向分析

B 点位于裤中线上,而裤中线是围度方向的基准线,所以 B 点在围度方向的变化量为 0。

E 点、J 点均位于横裆线上,EJ 的长度等于 DK 的长度加一个小裆宽度,小裆宽的档差可以忽略不计,裤中线平分 EJ,则 E 点、J 点的档差 △E=△J=1/8△臀围=1/8×3=0.375 cm。

D 点、C 点与 E 点均在前侧缝线上,与围度基准线的关系一致,所以 △D=△C=△E=0.375 cm。

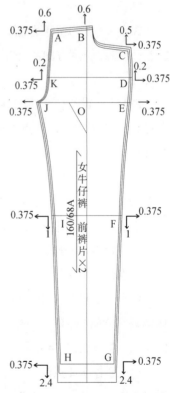

图 2-2-12 女式牛仔裤前片推版图

K 点位于臀围线上，DK＝H/4－1，所以△DK＝△臀围 /4＝3/4＝0.75 cm，因为△D＝0.375 cm，所以△K＝0.75－0.375＝0.375 cm。

A 点位于腰围线上，腰围档差为 3 cm，△A＝1/4×△臀围－△C＝0.75－0.375＝0.375 cm。

H 点、G 点均位于脚口线上，对于围度基准线的距离是一致的，所以 H 点、G 点在围度方向的变化量为△H＝△G＝1/4×△裤口围＝1/4×1.5＝0.375 cm。

F 点、I 点均位于中裆线上，对于围度基准线的距离是一致的，所以 F 点、I 点在长度方向的变化量为△F＝△I＝1/4×△中裆宽＝1/4×1.5＝0.375 cm。

（二）后裤片推版（图 2-2-13）

选取后横裆线为长度方向的基准线，后裤中线为围度方向的基准线，两线交点 O 为基准点。

1. 长度方向分析

H 点、C 点均位于横裆线上，而横裆线是长度方向的基准线，所以，H 点、C 点在长度方向的变化量为 0。

A 点、J 点是在腰口线平移 3.5 cm 的弧线上，上平线距离横裆线的距离为一个立裆深减去定长度 3.5 cm，所以 A 点、J 点在长度方向的变化量均为立裆深的档差，即△A＝△J＝△立裆深＝0.6 cm。

B 点、I 点均位于臀围线上，对于长度基准线的距离是一致的，均为 1/3 立裆深，所以 B 点、I 点在长度方向的变化量均为臀腰深档差的三分之一，即△B＝△I＝1/3×△立裆深＝0.2 cm。

F 点、E 点均位于脚口线上，对于长度基准线的距离是一致的，均为一个裤长去掉一个立裆深，所以 F 点、E 点在长度方向的变化量为△F＝△E＝△裤长－△立裆深＝3－0.6＝2.4 cm。

D 点、G 点均位于中裆线上，对于长度基准线的距离是一致的，均为五分之一的身高，所以 D 点、G 点在长度方向的变化量为△D＝△G＝1/5×△身高＝1/5×5＝1 cm。

点 K 所在线略低于腰围线，所以调整后可得△K＝0.5 cm。

2. 围度方向分析

O 点位于裤中线上，而裤中线是围度方向的基准线，所以 O 点在围度方向的变化量为 0。

H 点、C 点位于横裆线上，HC 长度约等于 BI 长度加大裆宽，大裆宽为臀围 /10，所以其档差为△臀围 /10，而牛仔裤的裆略小，因此取 0.25，则 H 点、C 点的档差△H＝△C＝1/2×（0.75＋0.25）＝0.5。

I 点变化与 H 点保持一致，△I＝△H＝0.5 cm，BI＝H/4＋1，△BI＝△臀围 /4＝0.75 cm，所以△B＝△BI－△I＝0.75－0.5＝0.25 cm。

AB 线为后裆斜线，为了保持其斜度，A 点围度方向的变化量应小于 B 点。所以△A＝0.2 cm，△AJ＝1/4×△腰围＝0.75 cm，△J＝△AJ－△A＝0.75－0.2＝0.55 cm。

K 点取 I 点档差的一半，△K＝1/2×△H＝1/2×0.5＝0.25 cm。

G 点、D 点均位于中档线上，对于围度基准线的距离是一致的，所以 G 点、D 点在长度方向的变化量为△G＝△D＝1/4×△中档宽＝1/4×1.5＝0.375 cm。

F 点、E 点均位于脚口线上，对于围度基准线的距离是一致的，所以 F 点、E 点在围度方向的变化量为△F＝△E＝1/4×△裤口围＝1/4×1.5＝0.375 cm。

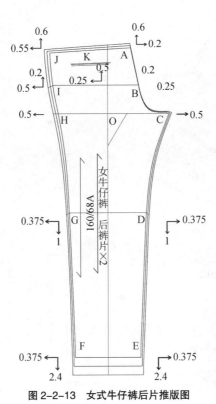

图 2-2-13　女式牛仔裤后片推版图

（三）零部件推版（图 2-2-14）

零部件推版一般将基准线和基准点选在样板上，尽量减少样板上各结构点的移动。

① 腰头：在推版时要保持腰头的宽度不变，因此只变化裤腰的围度，在前、后腰头和后腰拼的一端放出即可，档差为腰围档差的 1/4，即 0.75 cm。

② 后口袋：宽度方向变化量为 0.5 cm，长度方向变化量为 0.25 cm，以口袋中线为围度方向基准线，AE 为长度方向基准线，点 C 到 BD 所在直线的距离不变。因此围度方向：△E＝△D＝1/2△AE＝0.25 cm，△A＝△B＝1/2△AE＝0.25 cm，△C＝0；长度方向：△E＝△A＝0，△D＝△B＝△C＝0.25 cm。

③ 门、里襟只在长度方向变化 0.5 cm。

④ 前片大口袋布宽度变化 0.5 cm，长度变化 0.5 cm。所以围度方向：△A＝0.5 cm，△B＝0.5 cm；长度方向：△B＝0.5 cm，△C＝0.5 cm。

⑤ 牛仔布小口袋布宽度变化 0.5 cm，长度变化 0.5 cm，以 B 所在线为基准线，所以围度方向△D＝△C＝0.5 cm，长度方向△B＝△C＝0.5 cm。注意，由于袋布和前片侧片重叠，因此变化量要保持一致，由 A 点完成围度方向的变化量，所以牛仔布小口袋布 A 点变化量等于前裤片 C 点的变化量，即△A＝0.375 cm。

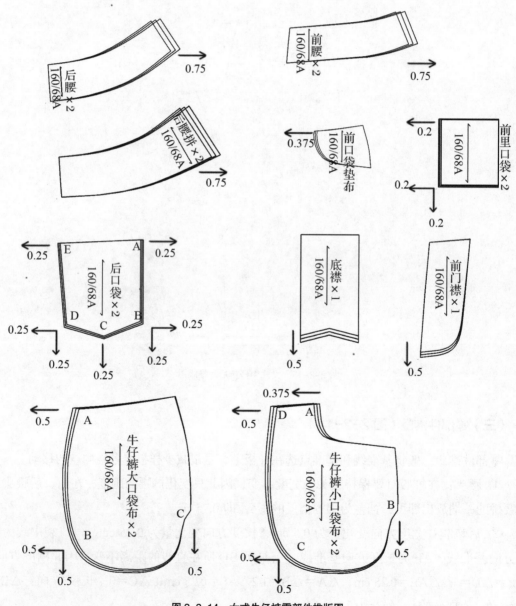

图 2-2-14　女式牛仔裤零部件推版图

拓展实践训练 ∨

　　中国某知名品牌从一条西裤起家，进入国内市场，多年来始终秉持精工匠心，积累了上千万人体数据，产品经过 23 000 针、108 道工序、30 位次熨烫，严格把控每一道工序，以匠人之心，精雕细琢每一针，拥有多项裤领域实用新型专利，执行多个国家标准和行业标准，用心缔造专业好品质的裤子。

　　请认真阅读以上材料，分析此品牌裤子所体现的企业精神及企业文化，在此基础上，结合时代流行及审美，设计一款裤子，并完成全套号型工业样版绘制。

　　要求：

　　1. 裤子品类分析。从裤子与人体、裤子面料、款式、结构、工艺等角度分析裤子所承载的匠心精神及美学价值。

　　2. 效果图、款式图绘制。绘制出效果图、款式图的正背面，并分析其特点。

　　3. 规格设计。设计全套号型的规格尺寸表。

　　4. 基础样版绘制。以科学严谨的精神进行基础样版绘制，版型准确合理、标注符合标准且齐全。

　　5. 推版。根据推版原理以手工或者 CAD 形式完成 5 个码的推放，推版过程要合理、推版数据需准确，推版图型应规范。

男衬衫起源与发展 >>>

专题项目三
衬衫制版与推版

案例一 / 男衬衫制版与推版

【案例导入】（图 2-3-1）

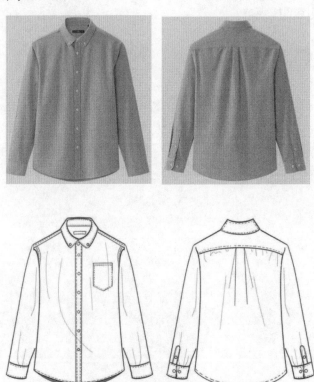

图 2-3-1　男衬衫成衣实物与款式图

一、款式特点及规格尺寸

本款男衬衫主要由两个前片、两个后片和两个袖片组成，有育克和衬衫领，前衣片左边有胸袋，后衣片有褶，左右袖片各有两个褶和 1 个袖衩，门襟有扣。男衬衫成品规格尺寸见表 2-3-1。

表 2-3-1　男衬衫成品规格尺寸　　　　　　　　　　单位：cm

部位＼规格	170/88A	175/92A	180/96A	档差
胸围	106	110	114	4
衣长	70	72	74	2
肩宽	44.8	46	47.2	1.2
袖长	60.5	62	63.5	1.5
领围	40	41	42	1
身高	170	175	180	5
底领宽	3	3	3	0
翻领宽	4.4	4.4	4.4	0
袖口围	24	25	26	1
袖头宽	6	6	6	0
胸袋大	10.5	11	11.5	0.5
背长	43	44	45	1.2

二、男衬衫制版原理与方法

（一）制版

制版过程：

选取 175/92A 为标准中间规格，以此作为服装生产企业的母版号型，进行基本纸样绘制。

1. 后片（图 2-3-2）

① 矩形框：以宽度为胸围 /2＋1、长度为衣长＋1 cm 画矩形框，矩形框的上、下、左、右分别是上平线、下平线、后中线及前中线。从上平线向下量取背长，作水平线即为腰围线。距上平线往下 B/5＋4 cm 画水平线，即为胸围线。距后中线量取 B/4＋0.5 cm 向下画垂

线与下平线相交，即为侧缝线。

② 后领窝弧线：在后中线与上平线的交点向右量后领宽为 C/5，向上量取后领深为 2.3 cm，画顺领弧线。

③ 后肩斜线：过肩颈点画与水平线夹角为 18° 的斜线，为肩斜线，过后领中点向基础肩斜线上量取肩宽的一半获得肩端点。

④ 背宽线：自肩端点水平里收 1.2 cm 画垂线，与胸围线相交。

⑤ 后袖窿弧线：在背宽线与胸围线的夹角平分线上量取 3.5 cm 确定辅助点，从肩点开始，通过辅助点到袖窿底点画顺弧线，即为后袖窿弧线。

⑥ 后育克线：在后中线上自后颈点往下量取 1/3×（0.2B＋4）画水平线，与袖窿弧线相交，往上量取 0.7 cm 的省量。

⑦ 侧缝：侧缝线与腰围线的交点处往里收 0.6 cm，画顺侧缝线。

⑧ 后底摆线：该衬衫为圆底摆，如图 2-3-2 作出底摆造型，画顺。

2. 前片（图 2-3-2）

① 前领窝弧线：在前中线与上平线的交点向下量前领深，长度为领围 /5，向左量取前领宽，长度为领围 /5－0.3，画顺领弧线。

② 前肩斜线：过肩颈点画与水平线夹角为 20° 的斜线，长度为后小肩长度减去 0.5 cm。

③ 前袖窿弧线：距前中线往左作出前胸宽，大小为后背宽－1.5。如图 2-3-2 画顺前袖窿弧线。

④ 前门襟、里襟：门襟宽度为 2 cm。

⑤ 扣位：第一粒扣在止口下 5 cm 左右，最后一粒扣在衣摆与前中线的交点上量衣长 /6＋3 cm 左右，将两点距离平分为 5 份，定出其他 4 个扣位。

⑥ 口袋：胸宽线与胸围的交点向右量 2.5 cm，画垂直线，从胸围线往上距离 3.5 cm 找到一点为袋口端点，胸袋的大小长为 12 cm，宽度为 11 cm，画法如图 2-3-2。

⑦ 前底摆线：如图 2-3-2 画顺底摆线。

3. 育克

距前肩线 2 cm 画出前育克线，以肩线为拼接线，将前后育克拼接到一起，形成育克。

4. 领子（图 2-3-3）

取 1/4 前领弧线为 A 点作前领弧的切线，在此线上以 A 点为起点量 3/4 前领弧长得第一点，量后领弧长得第二点，过该点作切线的垂线，做出翻领宽为 4.3 cm，底领宽为 3 cm，画顺翻领与底领的造型。如图 2-3-3 所示，展开翻领外围线。

5. 袖片（图 2-3-4）

① 首先作一条竖直线，长度为袖长－袖头宽。从其顶点往下量取 1/4 袖窿画水平线为袖肥线。

② 前、后袖山斜线：从袖山顶点向左量取后袖窿长度 ×0.97＋0.1，从袖山顶点向右量取前袖窿长度 ×0.97－0.3，与袖肥线相交，定出袖肥。

③ 袖山弧线：自袖山顶点左右水平量取 0.15 袖肥各获取一点，如图 2-3-4 所示，画出辅助线，然后画顺袖山弧线。

④ 袖口线：以袖中线和下平线的交点为中点，左右量取 1/2×（袖口＋4－1.3），画顺袖口线。

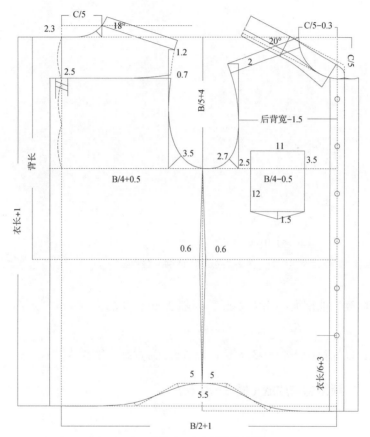

图 2-3-2 男衬衫衣身前后片结构图

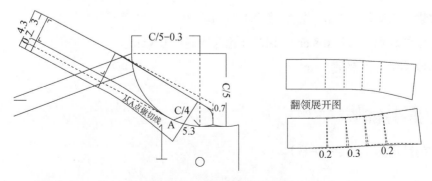

图 2-3-3 男衬衫领子结构图

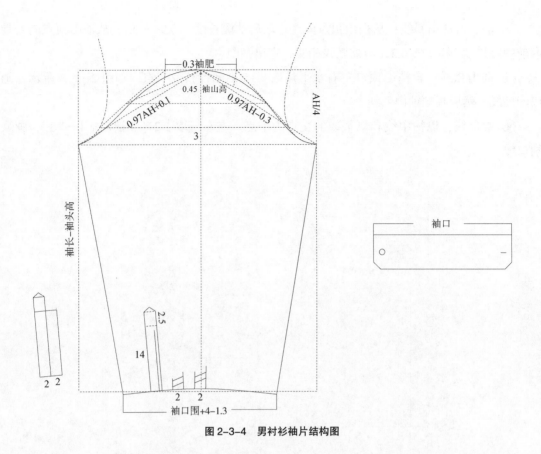

图 2-3-4　男衬衫袖片结构图

⑤ 袖褶和袖衩：袖褶大小均为 2 cm，间隔 2 cm。袖衩长 14 cm，宽 2 cm，如图 2-3-4 所示画出。

⑥ 袖克夫：以袖口围＋4－1.3 为长，以 6 cm 为宽画出袖克夫。

（二）男衬衫样版绘制与放缝（图 2-3-5）

放缝：

① 衣摆放缝份 2 cm。

② 口袋上口缝份 2.5 cm，左右缝份 1.5 cm。

③ 底领外轮廓线缝份 0.8 cm，翻领外轮廓线缝份 0.8 cm。

④ 其他部位缝份都是 1 cm。

三、 男衬衫推版

（一）前片推版（图 2-3-6）

选取胸围线为长度方向的基准线，前中线为围度方向的基准线，两线交点 O 为基准点。

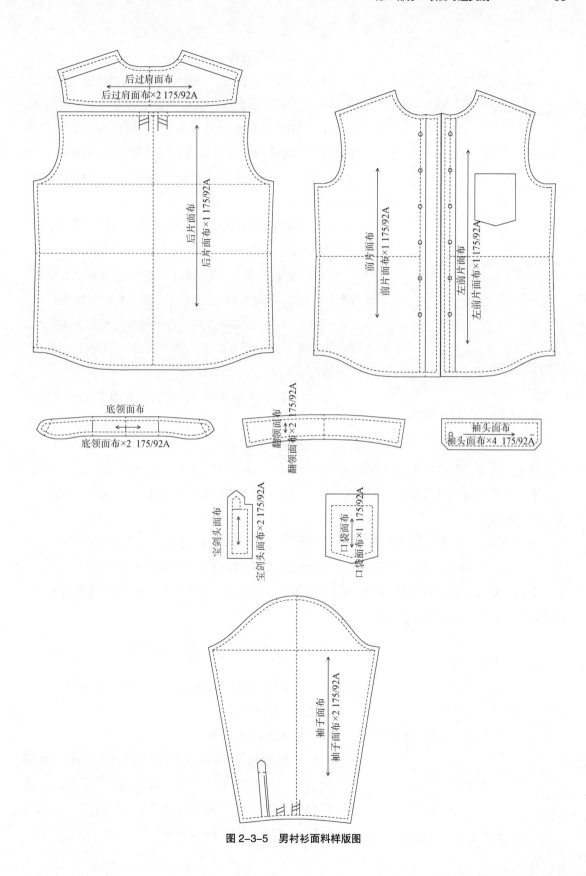

图 2-3-5 男衬衫面料样版图

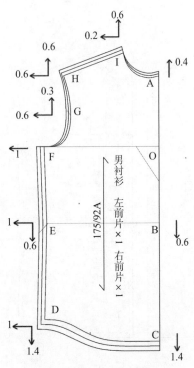

图 2-3-6　男衬衫前片推版图

1. 长度方向分析

F 点、O 点均位于胸围线上，而胸围线是长度方向的基准线，所以，F 点、O 点在长度方向的变化量为 0。

H 点距离胸围线大约为 0.15B，所以 H 点在长度方向上的变化量为 0.15×4＝0.6 cm，即△H＝0.6 cm，由于男衬衫属于宽松款式，肩斜档差可以不予考虑，因此△I＝0.6 cm。

G 点到胸围线的距离近似等于 H 点到胸围线距离的一半，因此，△G＝1/2×△C＝1/2×0.6＝0.3 cm。

A 点距 I 点为一个前领深，△前领深＝△1/5× 领围＝0.2 cm，所以△A＝△I－△前领深＝0.6－0.2＝0.4 cm。

B 点、E 点在腰围线上，由于背长的档差是 1.2 cm，胸围线以上变化了 0.6 cm，所以△E＝△B＝1.2－0.6＝0.6 cm。

D 点、C 点在底摆线上，衣长档差为 2 cm，胸围线以上变化了 0.6 cm，所以，△D＝△C＝2－0.6＝1.4 cm。

2. 围度方向分析

A 点、B 点、C 点均位于前中线上，所以△A＝△B＝△C＝0。

I 点到前中线的垂直距离为领围 /5－0.3，领围的档差为 1 cm，所以△I＝1/5×△领围＝1/5×1＝0.2 cm。

H 点到前中线的垂直距离为肩宽的一半，肩宽的档差为 1.2 cm，所以△H＝1/2×△肩宽＝1/2×1.2＝0.6 cm，G 点在围度方向的变化量和 H 点近似，所以△G≈0.6 cm。

F 点、E 点、D 点在侧缝线上，到前中线的垂直距离为 1/4 胸围，胸围的档差为 4 cm，所以△F＝△E＝△D＝1/4×△胸围＝1/4×4＝1 cm。

（二）育克推版（图 2-3-7）

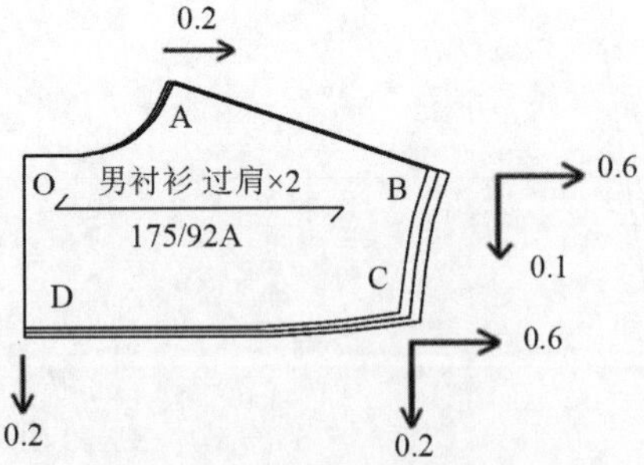

以 OD 为围度基准线，以 O 所在水平线为长度基准线，O 为基准点。

1. 长度方向分析

男衬衫育克为前后育克拼接而成，前育克部分较小，长度方向设为固定值，因此不予变化。而后育克长度占后片胸围以上部分的三分之一，因此△D＝△C＝1/3×0.6＝0.2 cm。

图 2-3-7　男衬衫育克推版图

2. 围度方向分析

A 点距离 OD 为一个后领宽，后领宽为 C/5，因此，△A=1/5×△领围=1/5×1=0.2 cm，B 点距离 OD 为肩宽的一半，△B=1/2×△肩宽=1/2×1.2=0.6 cm，同理，△C=1/2×△肩宽=1/2×1.2=0.6 cm。

（三）后片推版（图 2-3-8）

选取胸围线为长度方向的基准线，后中线为围度方向的基准线，两线交点 O 为基准点。

1. 长度方向分析

C 点、O 点均位于胸围线上，胸围线是长度方向的基准线，所以，C 点、O 点在长度方向的变化量为 0。

A 点、B 点到胸围线是 2/3 的袖窿深，所以，△A=△B=2/3×0.6=0.4 cm。

D 点同前片 E 点均在腰围线上，所以△D=0.6 cm。

E 点、F 点在底摆线上，所以，△E=△F=1.4 cm。

2. 围度方向分析

A 点、O 点、F 点均位于后中线上，所以△A=△O=△F=0。

B 点到后中线的垂直距离为肩宽的一半，肩宽档差为 1.2 cm，所以△B=1/2×△肩宽=1/2×1.2=0.6 cm。

C 点、E 点、D 点到前中线的距离为 1/4 胸围，胸围档差为 4 cm，所以△C=△E=△D=1/4×△胸围=1/4×4=1 cm。

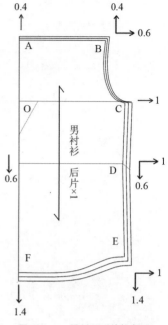

图 2-3-8　男衬衫后片推版图

（四）袖片推版（图 2-3-9）

以 AO 为围度基准线，以 BE 为长度基准线，O 为基准点。

长度方向分析：

A 点在长度方向的变化量近似为袖窿深的 80%，所以，△A=0.8×0.6≈0.5 cm。

D 点、C 点在袖口线上，因为袖长的档差为 1.5 cm，所以△D=△C=△袖长－△A=1.5－0.5=1 cm。

围度方向分析：

B 点、E 点距离基准线分别是前、后袖肥，而袖肥约等于 0.2 胸围，因此，△B=△E=0.2×△胸围=0.8 cm。

D 点、C 点在袖口线上，因为袖口档差为 1 cm，所以△D=△C=1/2×△袖口围=0.5 cm。

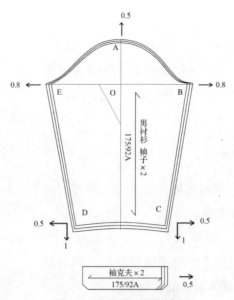

图 2-3-9　男衬衫袖片推版图

袖头：

袖头高不变，只在右边水平方向缩放 1 cm。

（五）零部件推版（图 2-3-10）

① 翻领和底领：由于翻领和底领没有宽度变化，只在长度变化，领围的变化量是 1 cm，所以在领中线放出 1 cm 即可。

② 袖开衩：由于袖开衩只有长度的变化量 0.5 cm，所以保持其他位置的不动，仅在袖开衩底边线变化 0.5 cm。

③ 衬衫口袋布宽度档差为 0.5 cm，长度档差为 0.5 cm。以 AD 为长度基准线，AD 的中点所在垂直线为围度基准线，长度方向 $\triangle B=\triangle C=0.5$ cm，围度方向 $\triangle A=\triangle B=\triangle D=\triangle C=0.25$ cm。

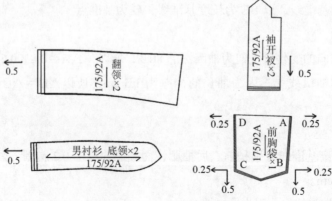

图 2-3-10　男衬衫部件推版图

案例二 / 女式时尚衬衫制版与推版

在导入女式时尚衬衫案例之前，先来学习整身原型的制版方法，因为女式的衬衫、夹克、西装、风衣等款式，基本是在原型的基础框架上绘制而成，这里把原型的方法详加介绍，后面相关的步骤可略作省略。原型规格尺寸见表2-3-2。

表2-3-2 原型规格尺寸表　　　　单位：cm

部位＼规格	155/80A	160/84A*	165/88A	档差
胸围	91	95	99	4
腰围	72	76	80	4
领围	37.5	38.5	39.5	1
肩宽	37.5	38.5	39.5	1
丰胸量	3	3	3	0
袖肥	31.5	33	34.5	1.5
身高	155	160	165	5
半背胸差	2.5	2.5	2.5	0
后腰节长	37	38	39	1
袖长	53.5	55	56.5	1.5

（一）衣身原型制版流程（图2-3-11）

1. 后片

① 画后中基础线，长度为衣长56 cm，作下平线，宽度为B/2＋3。

② 后中基础线自上而下量取一个背长38 cm，确定腰围线。

③ 自后颈点水平向右量取C/5－0.3作为后领宽，再向上量取2.5 cm作为后领深，找到侧颈点，画顺后领线。经侧颈点作一条水平线，为上平线。

④ 后肩斜取20°，作后小肩斜线。自后颈点向后小肩斜线量取肩宽/2，确定肩端点。侧颈点开大0.8 cm，确定后小肩宽。

⑤ 自上平线量取B/4＋半胸背差/2，向下作垂线，垂直于底边，为侧缝基础线。

⑥ 自肩端点向右作水平线交于侧缝基础线，经此点，向下量取 1＋3＋（袖肥 /2－1－0.5），为袖窿底点，过此点作水平线，为胸围线。

⑦ 在底边线上，自侧缝基础线向内量取 B/10－3，向上作垂线，为背宽线，画顺后袖窿弧线。

⑧ 在腰围线上，自侧缝基础线向内量取 W/4－1.5，剩余的量进行三等分，每一等份为 #，其中一等份在后中收掉，一等份在侧缝处收掉，一等份在刀背缝处收掉。

⑨ 在后中线上，后颈点与胸围线的二等分处为横背宽点（肩胛线），该点内收 #/10，从后颈点开始经横背宽点往腰节逐渐收进 #，腰节线至底摆间为一垂直而下的直线。

⑩ 找到袖窿上的分割点，画顺刀背缝，底边有 2.5 cm 叠量。

2. 前片

① 画前中线垂直于底边，延长后片上平线并抬高 0.7 cm，作为前片的上平线，与前中线相交于一点。

② 自上平线与前中线的交点向内量取 C/5－0.8，为前领宽，找到侧颈点；再向下量取 C/5－0.8，为前领深。

③ 前肩斜 22°，作前小肩斜线，侧颈点开大 0.8 cm，前小肩长度为后小肩－0.7 cm，确定肩端点。

④ 自上平线与前中线的交点向下量取 h/10＋净 B/10＋0.5，过该点向内水平量取 B/10 找到一点，该点为肩省和腰省共同的省尖点。连接该点与前小肩的二等分点，作为破缝线，并作出 15∶4.2 的角度，将前小肩的另一半进行旋转，找到新的肩端点。

⑤ 在底边线上，自侧缝基础线向内量取 B/10－3，向上作垂线，为胸宽线，画顺前袖窿弧线。

⑥ 延长后片腰围线，自侧缝基础线向内量取 W/4＋1.5，剩余的量为前腰省量，进行二等分，每一等份为 *，其中一等份在侧缝处收掉，另一等份在分割线处收掉。

⑦ 画顺通肩公主缝，底边收缝 1 cm。

前后片袖窿底点的变化：

在侧缝基础线上找到袖肥 /2－1－0.5 的二等分点，以此点为基准，作一水平线，分别交于前后袖窿弧线。以前袖窿弧线上的点为圆心，进行逆时针旋转，直至侧缝在腰围处内收 * 的量；同样，以后袖窿弧线上的点为圆心，进行顺时针旋转，直至侧缝在腰围处内收 # 的量。找到新的前后袖窿底点，画顺前后片的袖窿弧线及侧缝线。

（二）袖子原型制版流程（图 2-3-12）

① 作一垂直十字基础线，垂线为袖中基础线，水平线为袖肥基础线。

② 在袖中基础线上量取袖山高＝袖肥 /2－2，在袖肥基础线上量取后袖肥＝袖肥 /2＋

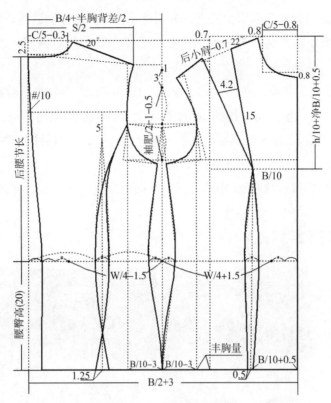

图 2-3-11　原型衣身结构图

（注：合体袖窿前后弧线长约占胸围的 48%）

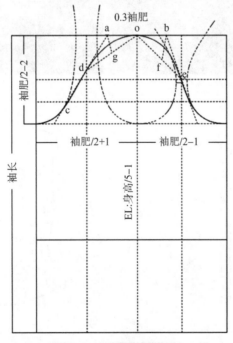

图 2-3-12　原型袖结构图

1，前袖肥＝袖肥 /2－1，定出前后袖肥点，分别往下作出前后袖侧缝线，形成袖原型框架。

③ 在前后袖肥处各找到二等分点，向上作垂线，即为前后袖肥中线，将袖山进行四等分。

④ 过袖山高顶点 o 点做 oa＝ob＝0.15 袖肥，袖山高的二等分线与后袖肥中线相交后上移约 1 cm，定出 d 点，连接 od，找到 od 的中点 g，连接 ag 并找到中点。此点是作后袖山弧线时经过之点。连接 ad 并延长至袖山高的下四分之一处，与拷贝过来的后袖窿弧线相切，画出后袖山弧线，前袖山弧线画法同后袖山弧线。

⑤ 自袖山顶点向下量取袖长，定袖口线。自袖山顶点向下量取身高 /5－1，定袖肘线。

【案例导入】（图 2-3-13）

图 2-3-13　女式时尚衬衫实物与款式图

一、款式特点及规格尺寸

　　本款女衬衫主要由两个前片、两个后片和两个袖片组成，袖子肩部呈泡泡袖、袖口呈灯笼状。衬衫领，前、后衣片有褶，左右袖片均有褶和袖克夫，门襟设有五粒扣。女式时尚衬衫成品规格尺寸见表2-3-3。

表2-3-3　女式时尚衬衫成品规格尺寸　　　　　　　　　　　　　单位：cm

部位 \ 规格	155/80A	160/84A	165/88A	档差
胸围	88	92	96	4
衣长	56	58	60	2
腰围	72	76	80	4
领围	37.5	38.5	39.5	1
肩宽	35	36	37	1
袖长	54.5	56	57.5	1.5
净胸围	80	84	88	4
胸量	3	3	3	3
袖肥	30.8	32	33.2	1.2
身高	160	165	170	5
半背胸差	2.5	2.5	2.5	0
袖口围	20	21	22	1

二、女式时尚衬衫制版原理与方法

（一）制版（图2-3-14）

制版流程：

根据原型法，按照长度为衣长＋1，围度为B/2＋3，作出女衬衫的基础结构框架。

1. 后片

　　① 后中线，此款式后中无缝，为一整片，所以过后领中点竖直往下的竖直线即为后中线。

　　② 作下摆褶量，以后片分割线与后袖窿弧线交点为基准点，逆时针旋转作扇形打开所需的褶量，定出其位置。

③ 画顺后片外轮廓线，形成后片结构图。

2. 前片

① 作下摆褶量，以胸省尖点为基准点，合并前片肩省打开下摆腰省形成褶量，如果不够，可以以肩点处为基准点，继续作扇形展开，直到展开所需的褶量，定出其位置。

② 前门襟宽 2.7 cm。

③ 定扣位，前止口下 5 cm 确定第一粒扣，下止口上衣长 /5＋2 cm 确定最后一粒扣，中间距离平分确定另外两粒扣位。

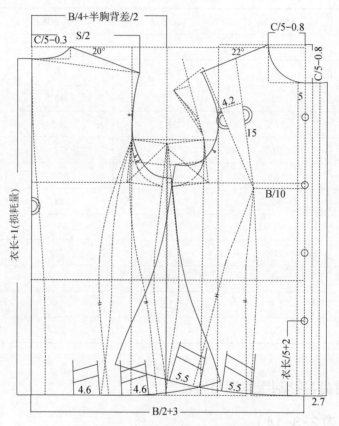

图 2-3-14　女式时尚衬衫衣身结构图

3. 袖片（图 2-3-15）

① 袖肥线垂直向上 3 cm 画水平线与袖中线交于一点，以该点沿袖中线向两边展开省量，画顺新袖窿弧线并使得袖山每边抽褶至 8 cm。

② 画顺袖口弧线。

③ 按照袖头宽 8 cm，袖头大 21 cm 作出袖头。

4. 领子

翻领宽为 4.2 cm，底领宽为 2.8 cm，如图 2-3-16 作出衬衫领。

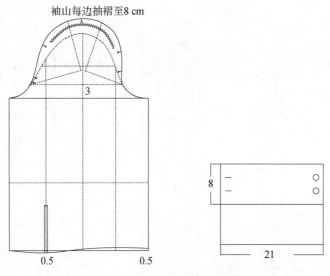

图 2-3-15　女式时尚衬衫袖片结构图

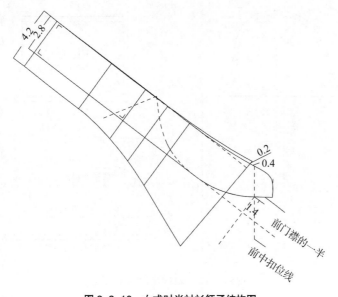

图 2-3-16　女式时尚衬衫领子结构图

（二）女式时尚衬衫样版绘制与放缝（图 2-3-17）

放缝：

① 衣身底摆缝份 2 cm。

② 底领外轮廓线缝份 0.8 cm，翻领外轮廓线缝份 0.8 cm。

③ 其他部位缝份都是 1 cm。

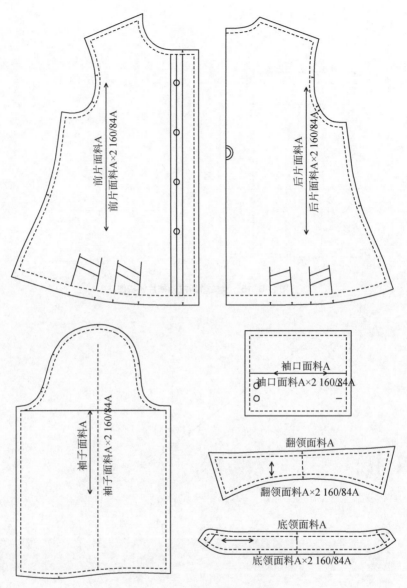

图 2-3-17 女式时尚衬衫样版图

三、女式时尚衬衫推版

（一）前片推版（图 2-3-18）

选取胸围线为长度方向的基准线，前中线为围度方向的基准线，两线交点 O 为基准点。

1. 长度方向分析

G 点、O 点均位于胸围线上，而胸围线是长度方向的基准线，所以，G 点、O 点在长度方向的变化量为 0。

L 点是肩端点，袖肥的档差 1.2 cm，则△C＝△袖肥 /2＝0.6 cm，因为肩斜线档差一般为 0.1 cm，所以△A＝0.7 cm。

A 点与 B 点距离一个前领深，△前领深＝△1/5×领围＝0.2 cm，所以△B＝△A－△前领深＝0.7－0.2＝0.5 cm。

I 点、D 点在腰围线上，由于背长的档差是 1.2 cm，所以△D＝△I＝1.2－△A＝1.2－0.7＝0.5 cm。

E 点、H 点、G 点、F 点在底边线上，衣长档差为 2 cm，△A＝0.7 cm，所以，△E＝△H＝△G＝△F＝2－△A＝2－0.7＝1.3 cm。

C 点、K 点到胸围线的距离近似等于 L 点到胸围线距离的一半，所有△C＝△K＝1/2×△L＝1/2×0.6＝0.3 cm。

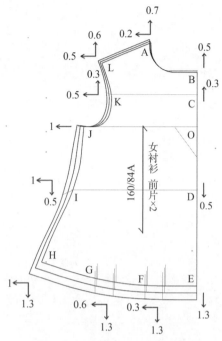

图 2-3-18　女式时尚衬衫前片推版图

2. 围度方向分析

C 点、B 点、D 点、E 点均位于前中线上，所以△B＝△C＝△D＝△E＝0。

A 点到前中线的垂直距离为领围 /5－0.8，领围的档差为 1 cm，所以△A＝1/5×△领围＝1/5×1＝0.2 cm。

L 点为肩端点，肩宽的档差为 1.2 cm，所以△L＝1/2×△肩宽＝1/2×1.2＝0.5 cm，K 点到前中线是一个前胸宽，其围度方向的变化量可近似等于前肩宽的变化量，即△K＝0.5 cm。

G 点到前中线的距离为 1/4 胸围，胸围的档差为 4 cm，所以△G＝1/4×△胸围＝1/4×4＝1 cm。

I 点、H 点和 G 点变化保持一致，所以△I＝△H＝△G＝1/4×△胸围＝1/4×4＝1 cm。

F 点距离前中线为 1/3 前胸宽，所以△F＝0.3 cm。

G 点距离前中线为 2/3 前胸宽，所以△G＝0.6 cm。

（二）后衣片推版（图 2-3-19）

选取胸围线为长度方向的基准线，后中线为围度方向的基准线，两线交点 O 为基准点。

1. 长度方向分析

E 点、O 点均位于胸围线上，胸围线是长度方向的基准线，所以，E 点、O 点在长度方向的变化量为 0。

C 点同前片 L 点的变化，所以，△C＝△L＝0.6。肩斜线档差一般为 0.1 cm，所以△B＝0.7 cm。

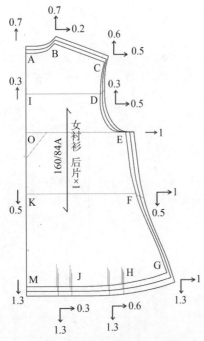

图2-3-19 女式时尚衬衫后片推版图

后领深在长度方向的变化量可为0，所以△A=△B=0.7 cm。

K点、F点在腰围线上，由于背长的档差是1.2 cm，所以△K=△F=1.2-△A=1.2-0.7=0.5 cm。

G点、M点、J点、H点在底边线上，衣长档差为2 cm，△A=0.7 cm，所以，△G=△M=△J=△H=2-△A=2-0.7=1.3 cm。

2. 围度方向分析

A点、I点、O点、K点、M点均位于后中线上，所以△A=△I=△O=△K=△M=0。

C点为肩端点，肩宽的档差为1.2 cm，所以△C=1/2×△肩宽=1/2×1.2=0.5 cm，由于D点到前中线的距离为后背宽，其变化量近似于后肩宽，所以△D≈1/2×△肩宽≈1/2×1≈0.5 cm。

E点到前中线的距离为1/4胸围，胸围的档差为4 cm，所以△E=1/4×△胸围=1/4×4=1 cm。

F点、G点和E点变化保持一致，所以△F=△G=△E=1/4×△胸围=1/4×4=1 cm。

J点距离后中线为1/3后胸围，所以△F=0.3 cm。

H点距离后中线为2/3后胸围，所以△F=0.6 cm。

（三）袖片推版（图2-3-20）

以AO为围度基准线，以BE为长度基准线，O为基准点。

1. 长度方向分析

A点到袖肥的距离为袖肥/2-2，所以△A=1/2×△袖肥=1/2×1.2=0.6 cm，D点、C点在袖口线上，因为袖长的档差为1.5 cm，所以△D=△C=△袖长-△A=1.5-0.6=0.9 cm。

2. 围度方向分析

袖肥档差为1.2 cm，E点、B点的档差△E=△B=1/2×△袖肥=1/2×1.2=0.6 cm。

D点、C点在袖口线上，因为袖口档差为1 cm，所以△D=△C=1/2×△袖口围=1/2×1=0.5 cm。

（四）领子推版（图2-3-21）

翻领和底领：翻领和底领没有宽度变化，只在长度变化，领围的变化量是1 cm，所以都以领中线为基准线，左右各变化0.5 cm即可。

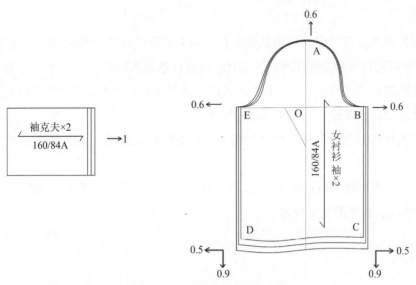

图 2-3-20　女式时尚衬衫袖子推版图

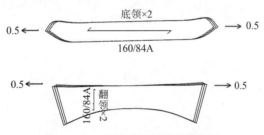

图 2-3-21　女式时尚衬衫领子推版图

拓展实践训练 ⌄

　　衬衫作为现代社会人们经常穿着的服装，其历史可以追溯到古代。某研究发现，在中国，衬衫的历史可以上溯到周代，被称为"中衣"或"中单"。汉代，近身的衫被称为"厕牏"。使用"衬衫"这一名称大约是从宋代开始。而在西方，衬衫的雏形大约是在古埃及的第 18 王朝时期，款式为有无领、无袖的束腰衣；14 世纪的诺曼底人穿的衬衫已经有了领子和袖头，16 世纪的欧洲盛行在衬衫的领和前胸绣花，或在领口、袖口、胸前装饰花边，衬衫的外观进一步丰富了。

　　我国服装制造业发展正在经历从劳动密集型到原创设计、原品牌精益生产的蜕变，很多中国本土品牌坚持原创设计，引领"国潮"风尚，在国际时尚界的影响力越来越大。

　　请认真阅读以上材料，从衬衫的历史渊源及发展角度，结合时代流行及审美，对衬衫进行创新设计，并完成全套号型工业样版绘制。

要求：

1. 衬衫品类分析。以衬衫为载体分析中西方服装设计思想的异同点，思考衬衫设计及版型制作可以通过哪些途径促进民族文化，展现民族风貌。

2. 效果图、款式图绘制。绘制出效果图、款式图的正背面，并分析其特点。

3. 规格设计。设计全套号型的规格尺寸表。

4. 基础样版绘制。以科学严谨的精神进行基础样版绘制，版型准确合理、标注符合标准且齐全。

5. 推版。根据推版原理以手工或者 CAD 形式完成 5 个码的推放，推版过程要合理、推版数据需准确，推版图型应规范。

专题项目四
夹克制版与推版

案例一 / 分割线夹克制版与推版

【案例导入】（图 2-4-1）

图 2-4-1　分割线夹克成衣实物及款式图

款式分类
与规格设
计

一、款式特点及规格尺寸

此款女式分割线夹克由前片、后片、领子、下围和袖子构成。前、后片左右各形成一个肩部分割，前片左右各一个公主线分割、左右各一个斜插拉链口袋，门襟装有拉链；后片左右各一个分割线，后中破缝；领子为平驳领，设计有后领贴；袖子为直身两片袖，直筒袖口装拉链；下围左右各两个串带襻，全夹里设计。分割线夹克规格尺寸见表 2-4-1。

表 2-4-1　分割线夹克规格尺寸表　　　　　　　　单位：cm

部位＼规格	155/80A	160/84A	165/88A	档差
胸围	91	95	99	4
衣长	54.5	56	57.5	1.5
腰围	74	78	82	4
领围	37.5	38.5	39.5	1
肩宽	37	38	39	1
袖长	54.5	56	57.5	1.5
袖口围	24	25	26	1
袖肥	32.8	34	35.2	1.2
身高	160	165	170	5
背长	37	38	39	1

二、分割线夹克制版原理与方法（图 2-4-2～图 2-4-4）

（一）制版

制版要点分析：

选取 160/84A 为标准中间规格，以此作为服装生产企业的母版号型，进行基本纸样绘制。

此款夹克衣身的长度考虑在人体臀围以上的位置，制图时延长后中心线至腰节以下18 cm。此款结构上分割线条较多，合体效果较好，有一定立体感，故胸围尺寸可与原型一致，腰部在原型基础上增加 2 cm。

制版流程：

1. 后片

① 在原型基础上，将底边线上抬 2 cm（衣长 56 cm）。

② 在原型后领弧线上，自侧颈点向内量取 3 cm；在后袖窿弧线上，自肩端点向下量取 7 cm，连接这两个点，并在袖窿处收掉 0.3 cm，画顺后肩分割线。

③ 在后肩分割线上，自袖窿处向内量取 5 cm 找到一点，该点为刀背缝起点。

④ 在原型的腰围线上，自侧缝基础线向内量取 W/4－1.5，剩余的量进行三等分，每一等份为 #，一等份在后中收掉，一等份在侧缝处收掉，一等份在刀背缝处收掉。

⑤ 画顺刀背缝，底边有 2.5 cm 叠量，刀背缝与底边相交处起翘 0.5 cm，侧缝与底边相交处起翘 0.3 cm。

⑥ 自底边向上量取 5.5 cm 作为下摆宽度。

2. 前片

① 在原型基础上，以肩省和腰省共同的省尖点为原点顺时针旋转合并肩省，将其转移至袖窿底点沿侧缝线以下 5 cm，作为腋下省（绘制合并符号，画完公主分割线后将其合并）。自原型中肩省和腰省共同的省尖点向左量取 2.5 cm，作为腋下省的省肩点。

② 在原型的前领弧线上，自侧颈点向下量取 3.5 cm；在前袖窿弧线上，自肩端点向下量取 7 cm，连接这两个点，作为前肩分割线。将前、后肩部进行合并，形成整个肩拼。

③ 在原型的腰围线上，自侧缝基础线向内量取 W/4＋1.5，剩余的量进行二等分，每一等份为 *，其中一份在侧缝处收掉，另一份在分割线处收掉。

④ 在腰围线上，自前中向内量取 11 cm；在底边线上，自前中向内量取 12.5 cm，确定分割缝的位置。

⑤ 画顺公主分割缝，底边收缝 1 cm。分割缝与底边相交处延长 0.5 cm，侧缝与底边相交处起翘 0.3 cm。

⑥ 前中向下延长 1 cm，底边自前中向外量取 2.5 cm，画顺底边线。

⑦ 绘制驳头

a. 作翻折线：自上平线与前中线的交点向下量取 h/10＋净 B/10＋0.5＋6 cm，再向外量取 5 cm（搭门宽），确定一点为翻折止点。前侧颈点延长 2 cm，连接该点和翻折止点，作翻折线。

b. 作串口线：过原型中的前颈点下 0.5 cm 作一条水平线，为串口线，确定驳头宽 9.5 cm。

c. 前搭门为斜门襟，底边自前中线向外量取 2.5 cm（包含 0.5 拉链），画顺门襟线。

⑧ 绘制领子

a. 过前侧颈点向上作翻折线的平行线，此线向后倒 14.5° 作为倒伏量，取其长度为后领弧长，与前衣身领口连接圆顺，画顺领底弧线。

b. 垂直后领底弧线作领子后中线，并取后底领高 2.5 cm＋后翻领高 6 cm＝8.5 cm。

c. 画顺翻领外口线，设计驳头缺嘴处的形状并确定具体尺寸。

⑨ 绘制挂面：确定挂面宽度，上端宽度为 3.5 cm，下端宽度为 3＋2.5 cm。

⑩ 自底边向上量取 5.5 cm 作为下摆宽度。

⑪ 绘制斜插袋及口袋布。

3. 袖片

① 作一垂直十字基础线，垂线为袖中基础线，水平线为袖肥基础线。

② 在袖中基础线上量取袖山高＝袖肥 /2－2，在袖肥基础线上量取后袖肥＝袖肥 /2＋1，前袖肥＝袖肥 /2－1。

③ 在前后袖肥处各找到二等分点，向上作垂线，即为前后袖中线。将袖山进行四等分，如图 2-4-4 所示作出前后袖山斜线，完成袖山弧线的绘制，在此基础上根据前后袖窿弧线进行修正。

④ 自袖山顶点向下量取袖长 56 cm，定袖口线。自袖山顶点向下量取身高 /5－1，定袖肘线。

⑤ 延长后袖中线至袖口线，两边各放出（袖肥＋1－袖口围）/2，将袖子分成大袖片和小袖片，并在袖口处延长 1 cm，这条线为袖缝线。

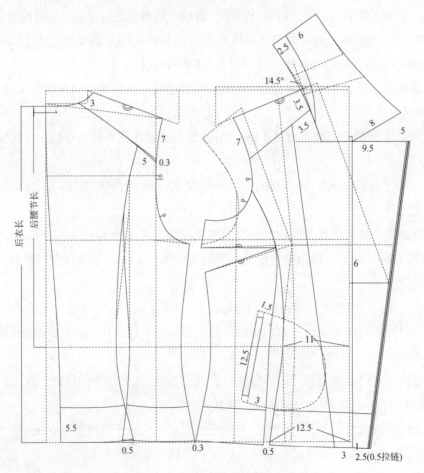

图 2-4-2　分割线夹克衣身结构图

⑥ 如图 2-4-4 所示，在前袖山弧线末端量取 3 cm，补到后袖袖山弧线上。在袖肘线上，小袖片的两条袖缝线分别向右 1 cm 和 0.5 cm，用圆顺的弧线相连，形成完整的小袖片。在袖肘线上，大袖片的两条袖缝线分别向左 0.1 cm，用圆顺的弧线相连，形成完整的大袖片。

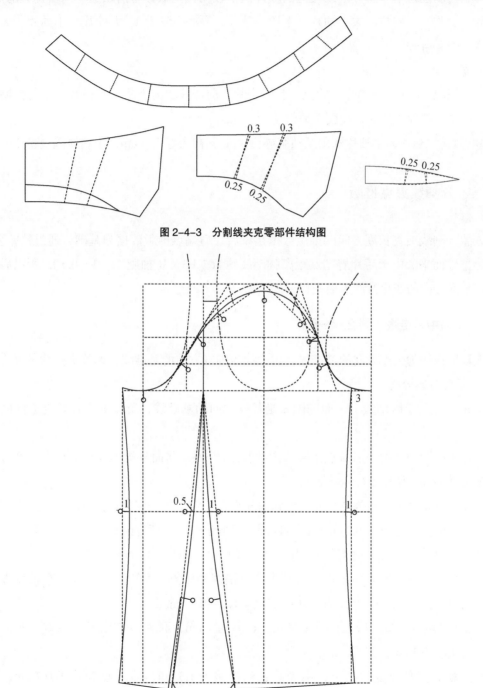

图 2-4-3 分割线夹克零部件结构图

袖肥+1-袖口大

图 2-4-4 分割线夹克袖子结构图

（二）分割线夹克样版绘制与放缝

样版绘制注意事项：分割线夹克的裁片面积较大，该款分为前贴边、前拼片、前侧片、后中片、后侧片、肩拼、大小袖片、下摆、领片（领底、领面）、大袖片、小袖片、大小口袋布详见图 2-4-5。

放缝：

① 面料后中片、后侧片、后上片、前中片、前侧片、前上片、左前片、左门襟贴、后前片、下摆、领片（领底、领面）缝份均为 1 cm。

② 面料大袖片、小袖片袖山及袖肥缝份 1 cm，袖头缝份 3 cm，里料侧缝缝份 1 cm。

三、分割线夹克推版

该款分割线夹克长度方向的推版数据是以后片肩端点推版数据为基础，通过档差公式、相似形推导而来。由于后片肩端点距离胸围线约为 1+3+（袖肥 /2－1－0.5），所以后片肩端点在长度方向的变化量约为袖肥档差的 1/2，即 0.6 cm。

（一）后中片推版（图 2-4-6）

选取胸围线为长度方向的基准线，后中线为围度方向的基准线，两线交点为基准点。

1. 长度方向分析

由于 E 点位于胸围线上，而胸围线是长度方向的基准线，所以 E 点在长度方向的变化量为 0。

C 点距离胸围线约为肩端点距离胸围线长度的 5/6，前面分析得知肩端点在长度方向的变化量为 0.6 cm，所以△C＝0.5 cm。

由于落肩量档差一般为 0.1 cm，已知肩端点在长度方向的变化量为 0.6 cm，所以侧颈点在长度方向的变化量应为 0.7 cm。而后领深一般取定值，长度方向不变，所以，位于后领线上的 A 点、B 点在长度方向上与侧颈点一致，即△A＝△B＝0.7 cm。

J 点和 D 点在长度方向上位于肩端点至胸围线的中点，所以 J 点和 D 点在长度方向的变化量为肩端点变化量的 1/2，即△J＝△D＝0.6/2＝0.3 cm。

I 点和 F 点位于腰围线上，由于背长的档差为 1 cm，而 A 点变化了 0.7 cm，所以△I＝△F＝1－0.7＝0.3 cm。

H 点和 G 点位于底边线上，由于衣长的档差为 1.5 cm，而 A 点变化了 0.7 cm，所以△H＝△G＝1.5－0.7＝0.8 cm。

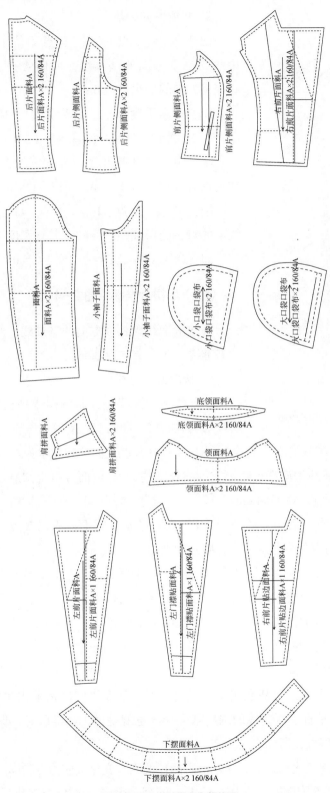

图 2-4-5 分割线夹克裁片图

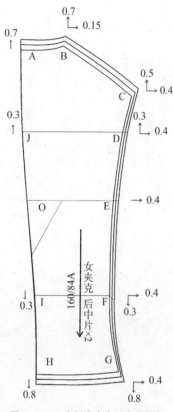

图 2-4-6　分割线夹克后中片推版

2. 围度方向分析

由于 A 点、J 点、I 点、H 点均位于后中线上，而后中线是围度方向的基准线，所以 A 点、J 点、I 点、H 点在围度方向的变化量为 0。

B 点距离围度基准线约为领宽的 3/4，领宽的公式为 C/5－0.3，所以△B＝△领围 /5×（3/4）＝0.15 cm。

C 点距离围度基准线约为背宽的 2/3，背宽的变化量约为△肩宽 /2，即 0.6 cm，所以△C＝0.4 cm。

因为 C 点、D 点、E 点、F 点、G 点均为后中片侧缝线上的点，为保证型的一致，其在围度方向的变化量应相等，即△D＝△E＝△F＝△G＝△C＝0.4 cm。

（二）后拼片推版（图 2-4-7）

选取胸围线为长度方向的基准线，侧缝线为围度方向的基准线，两线交点为基准点。

1. 长度方向分析

C 点位于胸围线上，而胸围线是长度方向的基准线，所以 C 点在长度方向的变化量为 0。

由于 A 点与后中片的 C 点重合，所以 A 点在长度方向的变化量为 0.5 cm。

I 点距离胸围线约为肩端点距离胸围线长度的 2/3，前面分析得知肩端点在长度方向的变化量为 0.6 cm，所以△I＝0.4 cm。

由于 B 点、H 点与后中片的 D 点、J 点在一条水平线上，所以 B 点、H 点与后中片的 D 点、J 点在长度方向的变化量一致，即△B＝△H＝0.3 cm。

由于 D 点、G 点与后中片的 F 点、I 点均位于腰围线上，所以，D 点、G 点与后中片的 F 点、I 点在长度方向的变化量一致，即△D＝△G＝0.3 cm。

由于 E 点、F 点与后中片的 G 点、H 点均位于底边线上，所以 E 点、F 点与后中片的 G 点、H 点在长度方向的变化量一致，即△E＝△F＝0.8 cm。

2. 围度方向分析

选取侧缝线为围度方向基准线。从理论上说，基准线应该是垂线才可以实施，因此，我们画一条辅助的垂直于侧缝线的围度基准线。也就是说，在推版时，保证侧缝线与辅助基准线的距离不变即可，所以 G 点和 F 点在围度方向的变化量为 0。

已知后中片胸围变化量为 0.4 cm，则后侧片的胸围变化量应为△胸围 /4 减去后中片胸围变化量，所以△C＝△胸围 /4－0.4＝0.6 cm。同理，腰围上的 D 点变化量应为△腰围 /4 减去后中片腰围变化量，所以△D＝△腰围/4-0.4＝0.6 cm。E点为D点顺下来的点，故E点的变化量应与D点一致，即△E＝△D＝0.6 cm。

A点：使放大或缩小的AI线与放大或缩小的EDCB延长线相交，得到放大或缩小的A点，再推算A点围度的变化，也近似等于0.6 cm，即A点变化量＝0.6 cm。

因为I点与背宽相关，半个背宽的变化量约为△肩宽/2，即0.6 cm，而后中片已经变化了0.4 cm，这样，后侧片中背宽的变化量只能是0.2 cm，由于A点已经变化了0.6 cm，那么，I点变化量＝A点变化量-0.2＝0.6-0.2＝0.4 cm。

H点与I点相关，在实际的绘制中，I点和H点可以一致，即△H＝△I＝0.4 cm。

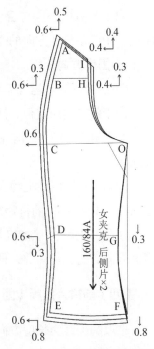

图2-4-7　分割线夹克后拼片推版

（三）前贴边推版（图2-4-8）

选取胸围线为长度方向的基准线，前中线为围度方向的基准线，两线交点为基准点。

1. 长度方向分析

I点位于胸围线上，而胸围线是长度方向的基准线，所以I点在长度方向的变化量为0。

已知后侧颈点长度方向变化量为0.7 cm，前侧颈点与后侧颈点在长度方向的变化量应一致，也为0.7 cm。又因为前领深的公式为C/5-0.3，前领深的变化量应为领围档差的1/5，即0.2 cm。A点位于领深的1/2处，所以△A＝0.7-0.1＝0.6 cm。

B点在长度方向上约与领深一致，所以△B＝0.7-0.2＝0.5 cm。

C点、D点与B点在一条水平线上，所以C点、D点与B点在长度方向的变化量一致，即△C＝△D＝△B＝0.5 cm。

J点根据长度上的分割比例，长度方向变化0.5 cm，即△J＝0.5 cm

由于E点、H点与后中片的F点、I点均位于腰围线上，所以，E点、H点与后中片的F点、I点在长度方向的变化量一致，即△E＝△H＝0.3 cm。

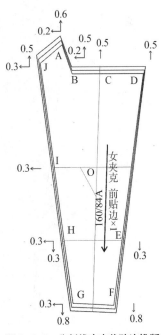

图2-4-8　分割线夹克前贴边推版

由于 F 点、G 点与后中片的 G 点、H 点均位于底边线上,所以 F 点、G 点与后中片的 G 点、H 点在长度方向的变化量一致,即△F＝△G＝0.8 cm。

2. 围度方向分析

C 点位于前中线上,而前中线是围度方向的基准线,所以 C 点在围度方向的变化量为 0。

由于门襟宽取定值,所以前中线右侧的 D 点、E 点、F 点在围度方向的变化量为 0。

A 点和 B 点距离前中线约为一个领宽,即 C/5－0.8,所以△A＝△B＝△领围 /5＝0.2 cm。

前侧片在胸围线上约占 1/2 前胸围量,则前贴边和前拼片占另外 1/2 前胸围量,其中前贴边约占其中的 3/5,前拼片约占其中的 2/5,所以△I＝胸围档差 /4×(1/2)×(3/5)＝0.3 cm。

G 点、H 点、J 点与 I 点在一条分割线上,为保持型的一致,G 点、H 点、J 点与 I 点在围度方向的变化量一致,即△G＝△H＝△J＝△I＝0.3 cm

(四)前拼片推版(图 2-4-9)

选取胸围线为长度方向的基准线,分割线为围度方向的基准线,两线交点为基准点。

1. 长度方向分析

C 点位于胸围线上,而胸围线是长度方向的基准线,所以 C 点在长度方向的变化量为 0。

由于 H 点与前贴边的 J 点重合,所以△H＝0.5 cm。

已知后肩端点在长度方向的变化量为 0.6 cm,前肩端点应与其一致,A 点距离胸围线约为前肩端点距离胸围线长度的 5/6,所以△A＝0.5 cm;B 点距离胸围线约为前肩端点距离胸围线长度的 1/2,所以△B＝0.3 cm。

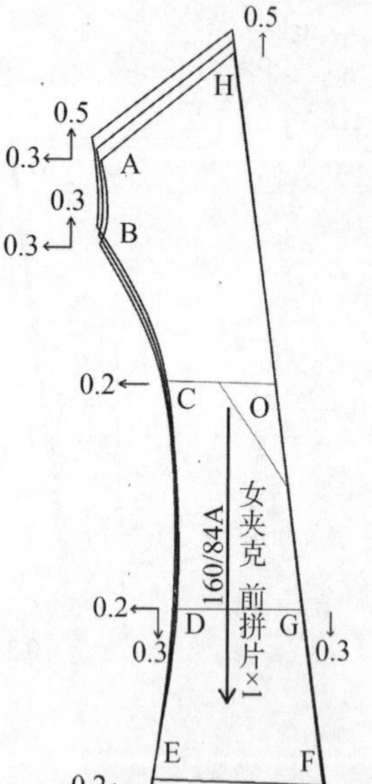

由于 D 点、G 点与后中片的 F 点、I 点均位于腰围线上,所以,D 点、G 点与后中片的 F 点、I 点在长度方向的变化量一致,即△D＝△G＝0.3 cm。

由于 E 点、F 点与后中片的 G 点、H 点均位于底边线上,所以 E 点、F 点与后中片的 G 点、H 点在长度方向的变化量一致,即△E＝△F＝0.8 cm。

2. 围度方向分析

F 点、G 点和 H 点位于分割线上,而分割线是围度方向的基准线,所以 F 点、G 点和 H 点在围度方向的变化量为 0。

因为 A 点与胸宽相关,胸宽的变化量约为△肩宽 /2,即 0.6 cm,而前贴边已经变化了 0.3 cm,这样,前拼片中胸宽的变化量只能是 0.3 cm,所以△A＝0.3 cm。

图 2-4-9 分割线夹克前拼片推版

　　B 点与 A 点相关，在实际的绘制中，B 点和 A 点可以一致，即△B＝△A＝0.3 cm。

　　已知前贴边胸围变化量为 0.3 cm，则前拼片的胸围变化量应为△胸围 /8 减去前贴边胸围变化量，所以△C＝△胸围 /8－0.3＝0.2 cm。同理，腰围上的 D 点变化量应为△腰围 /8 减去前贴边腰围变化量，所以△D＝△腰围 /8－0.3＝0.2 cm。E 点为 D 点顺下来的点，故 E 点的变化量应与 D 点一致，即△E＝△D＝0.2 cm。

（五）前侧片推版（图 2-4-10）

　　选取胸围线为长度方向的基准线，侧缝线为围度方向的基准线，两线交点为基准点。

1. 长度方向分析

　　B 点位于胸围线上，而胸围线是长度方向的基准线，所以 B 点在长度方向的变化量为 0。

　　由于 A 点与前拼片的 B 点重合，所以△A＝0.3 cm。

　　由于 C 点、F 点与后中片的 F 点、I 点均位于腰围线上，所以，C 点、F 点与后中片的 F 点、I 点在长度方向的变化量一致，即△C＝△F＝0.3 cm。

　　由于 D 点、E 点与后中片的 G 点、H 点均位于底边线上，所以 D 点、E 点与后中片的 G 点、H 点在长度方向的变化量一致，即△D＝△E＝0.8 cm。

2. 围度方向分析

　　选取侧缝线为围度方向基准线。从理论上说，基准线应该是垂线才可以实施，因此，我们画一条辅助的垂直于侧缝线的围度基准线。也就是说，在推版时，保证侧缝线与辅助基准线的距离不变即可，所以 E 点和 F 点在围度方向的变化量为 0。

　　A 点距离围度基准线约为前胸围量减去前拼片和前贴片的围度，已知前胸围量的变化量为胸围档差的 1/4，即 1 cm，而前拼片和前贴片在围度方向均变化了 0.3 cm，所以△A＝1－0.3－0.3＝0.4 cm。

　　前侧片在胸围线上约占 1/2 个前胸围量，所以 B 点的变化量应为胸围档差的 1/8，即△B＝△胸围 /8＝0.5 cm。同理，腰围线上的 C 点变化量应为腰围档差的 1/8，所以△C＝△腰围 /8＝0.5 cm。D 点为 C 点顺下来的点，故 D 点的变化量应与 C 点一致，即△D＝△C＝0.5 cm。

（六）肩拼推版（图 2-4-11）

　　选取肩线拼合线为长度方向基准线，前后中心线为围度方向基准线。

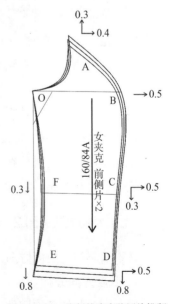

图 2-4-10　分割线夹克前侧片推版

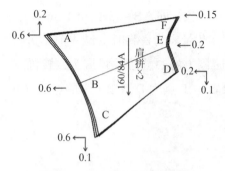

图2-4-11　分割线夹克肩拼推版

1. 长度方向分析

B点和E点位于肩线合并线上，而肩线合并线是长度方向的基准线，所以B点和E点在长度方向的变化量为0。

A点是后片肩上的点，且与后拼片上的I点重合，由于后拼片I点在长度方向变化了0.4 cm，而后肩端点在长度方向变化了0.6 cm，所以A点在长度方向变化量为0.6－0.4＝0.2 cm。

C点是前片肩上的点，且与前拼片上的A点重合，由于前拼片I点在长度方向变化了0.5 cm，而前肩端点在长度方向变化了0.6 cm，所以C点在长度方向变化量为0.6－0.5＝0.1 cm。

F点是后片肩上的点，而后领深一般取定值，长度方向不变，所以，位于后领线上的F点在长度方向的变化量为0。

D点是前片肩上的点，位于前领深的中点，所以D点在长度方向上的变化量为前领深变化量的一半，而前领深的变化量为领围档差的1/5，即0.2 cm，所以△D＝0.2/2＝0.1 cm。

2. 围度方向分析

由于E点位于侧颈点，所以E点在围度方向的变化量应为领围档差的1/5，即△E＝0.2 cm。

F点是后片肩上的点，且与后中片上的B点重合，所以F点与后中片上的B点在围度方向的变化量应一致，由于后拼片B点在围度方向变化了0.15 cm，所以△F＝0.15 cm。

D点是前片肩上的点，且与前贴边上的A点重合，所以D点与前贴边上的A点在围度方向的变化量应一致，由于前贴边A点在围度方向变化了0.2 cm，所以△D＝0.2 cm。

B点位于肩端点，B点在围度方向的变化量应为肩宽档差的1/2，即△B＝△肩宽/2＝0.6 cm。

根据后中片和后侧片在围度方向的变化量，可知AF在围度上的变化量为0.4 cm，已知F点变化量为0.15 cm，则A点的变化量应为0.15＋0.4＝0.55 cm，为方便计算，取0.6 cm。

根据前贴边和前拼片在围度方向的变化量，可知CD在围度上的变化量为0.4 cm，已知D点变化量为0.2 cm，则C点的变化量应为0.2＋0.4＝0.6 cm。

（七）大袖推版（图2-4-12）

选取袖肥线为长度方向的基准线，袖中线为围度方向的基准线，两线交点为基准点。

1. 长度方向分析

B点、G点位于袖肥线上，而袖肥线是长度方向的基准线，所以B点、G点在长度方向的变化量为 0。

由于 A 点距离袖肥线为袖肥 /2－2，所以 A 点在长度方向的变化量约为袖肥档差的一半，即△A＝△袖肥 /2＝0.6 cm。

H 点在长度方向上距离袖肥线为（袖肥 /2－2）/2＋1，故△H＝△袖肥 /4＝0.3 cm。

F 点和 C 点位于袖肘线上，我们知道 A 点距离袖肘线为身高 /5－1，所以 A 点与袖肘线的距离变化量为身高档差 /5，而 A 点的变化量为 0.6，所以△F＝△C＝△身高 /5－△A＝0.4 cm。

E 点和 D 点位于袖口线上，我们知道袖长的档差为 1.5 cm，而 A 点的变化量为 0.6，所以△E＝△D＝△袖长－△A＝0.9 cm。

2. 围度方向分析

A 点位于袖中线上，而袖中线是围度方向的基准线，所以 A 点在围度方向的变化量为 0。

由于 B 点距离袖中线为袖肥 /2－1－3，所以 B 点在围度方向的变化量为袖肥档差的一半，即△B＝△袖肥 /2＝0.6 cm。

由于 C 点距离袖中线为袖肥 /2－1－3－1，所以 C 点在围度方向的变化量为袖肥档差的一半，即△C＝△袖肥 /2＝0.6 cm。

H 点、G 点、F 点均依据后袖中线而来，所以 H 点、G 点、F 点在围度方向的变化量为袖肥档差 /4，即△H＝△G＝△F＝△袖肥 /4＝0.3 cm。

E 点距袖中线为（袖肥 /2＋1）/2－（袖肥＋1－袖口）/2，所以△E＝△袖肥 /4－（△袖肥 /2－△袖口 /2）＝0.3－0.1＝0.2 cm。

D 点距袖中线约为袖口的一半，所以△D＝△袖口围 /2＝0.5 cm。

（八）小袖推版（图 2-4-13）

选取袖肥线为长度方向的基准线，袖中线为围度

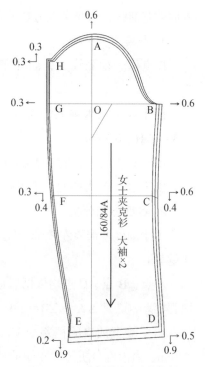

图 2-4-12 分割线夹克大袖推版

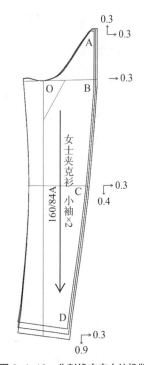

图 2-4-13 分割线夹克小袖推版

方向的基准线，两线交点为基准点。

1．长度方向分析

B 点位于袖肥线上，而袖肥线是长度方向的基准线，所以 B 点在长度方向的变化量为 0。

由于 A 点与大袖 H 点为拼合点，所以 A 点在长度方向的变化量与大袖 H 点相同，即 △A＝△H＝0.3 cm。

由于 C 点与大袖的 F 点都位于袖肘线上，所以 △C＝△F＝0.4 cm。

由于 D 点与大袖的 E 点都位于袖口线上，所以 △D＝△E＝0.9 cm

2．围度方向分析

由于围度基准线左侧部分宽度为 3 cm 不变，所以左侧袖缝线上的点在围度方向上的变化量为 0。

A 点、B 点、C 点均依据后袖中线而来，所以 A 点、B 点、C 点在围度方向的变化量为袖肥档差 /4，即 △A＝△B＝△B＝△袖肥 /4＝0.3 cm。

由于整个袖口的档差为 1 cm，大袖袖口变化量为 0.7 cm，所以小袖袖口变化量应为 0.3 cm，由前面分析可知左侧袖缝线上的点在围度方向不变，所以 △D＝1－0.7＝0.3 cm。

（九）领子推版（图2-4-14）

图 2-4-14　分割线夹克领子推版

案例二 / 插肩袖夹克制版与推版

【案例导入】（图2-4-15）

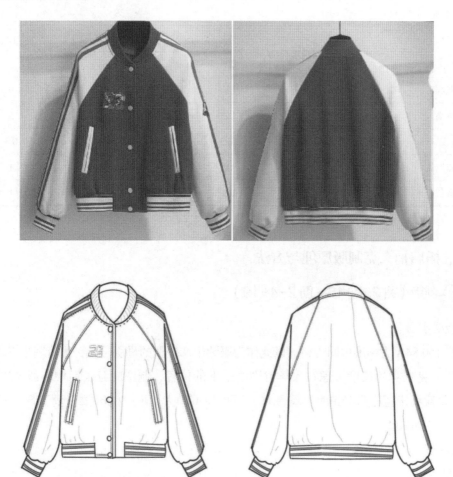

图2-4-15　插肩袖夹克成衣实物与款式图

一、款式特点及规格尺寸

此款插肩袖夹克，宽松直身造型，线条简洁，结构趋于平面化，两个斜插袋，底摆与袖口装罗口，起到收口作用，袖子为插肩袖，具有较好的活动舒适性，领子是内倾式罗纹领。插肩袖夹克的规格尺寸见表2-4-2。

表 2-4-2　插肩袖夹克规格尺寸表　　　　　　　　单位：cm

部位＼规格	155/80	160/84	165/88	档差
衣长	60	62	64	2
胸围	92	96	100	4
肩宽	39	40	41	1
领围	37	38	39	1
袖长	55.5	57	58.5	1.5
袖口上端	25	26	27	1
罗纹高	5	5	5	0
身高	160	165	170	5
口袋口	13.2	13.5	13.8	0.3
袖口罗纹	18	19	20	1
背长	37	38	39	1

二、插肩袖夹克制版原理与方法

（一）制版（图2-4-16~图2-4-19）

制版要点分析：

选取 160/84A 为标准中间规格，以此作为服装生产企业的母版号型，进行基本纸样绘制。

此款夹克衣身的长度考虑在人体臀围线上下的位置，制图时延长后中心线至腰节以下 24 cm。此款属于宽松直身造型，胸围尺寸可比原型稍大，取 12 cm 放松量。胸围至底摆在侧缝内收一定的量。

制版流程：

1. 后片

① 画前后衣片的总框架：以衣长－罗纹高为长，以 B/2＋1 cm 为宽。

② 定胸围线：选矩形框的左边线为后中心线，右边线为前中心线。在后中心线从上往下量取 B/5＋6 cm 的距离画一条水平线，为胸围线。

③ 定后领口：从上平线抬高 1 cm，距离后中心线 C/5－0.3 作为后领宽，找到后颈肩点，下落 2.5 cm 定出领深，后领宽开宽 2.5 cm，领深开深 1.25 cm，画顺后领弧线。

④ 定后小肩：后肩斜 20°，作出后小肩斜线。自后颈点向后小肩斜线量取肩宽 /2，确定肩端点。

⑤ 定背宽线：自肩端点水平向内 1.5 cm，向下作垂线，垂直于胸围线，为背宽线。

⑥ 侧缝线：将胸围线进行二等分，在中点向下作垂线，垂直于底边，为侧缝基础线，底边处内收 1.5 cm，画顺侧缝线。

2. 前片

① 前领口：前片上平线比后片上平线落 1 cm，与前中心线垂直交于一点，自该点向内量取 C/5－0.8 为前领宽，再向下量取 C/5－0.8 为前领深，在此基础上将前领开宽、开深 2.5 cm，画顺前领口线。

② 定前小肩：前肩斜 22°，过前侧颈点作前小肩斜线，前小肩长度为后小肩－1 cm，确定肩端点。

③ 定胸宽线：自肩端点水平向内量取 2 cm，向下作垂线，垂直于胸围线，为胸宽线。

④ 侧缝线：侧缝底边处内收 1.5 cm，画顺侧缝线。

⑤ 前贴边：自颈肩点量取 4 cm，在底边自前中线向内量取 7 cm，找到一点，将两点用圆顺的弧线连接，即为前贴边。

⑥ 如图 2-4-16 所示，绘制斜插袋及口袋布。

3. 袖片

① 作一垂直十字基础线，垂线为袖中基础线，水平线为袖肥基础线。

② 在袖中基础线上量取袖山高＝AH/4.7，根据前袖山斜线＝前 AH－2，后袖山斜线＝后 AH－0.8，确定前后袖肥。

③ 在前后袖肥处各找到二等分点，分别作一垂线，即前后袖肥中线。

④ 按照原型袖的方法，如图 2-4-17 所示作出修正后的前后袖山斜线，完成袖山弧线的绘制，在此基础上根据前后袖窿弧线进行修正。

⑤ 自袖山顶点向下量取袖长－罗纹高，定袖口线。

⑥ 自袖山顶点向下量取身高 /5－1，定袖肘线。

⑦ 以前袖肥中线为中心，收去（袖肥－袖口围）×0.4 的量；以后袖肥中线为中心，收去（袖肥－袖口围）×0.6 的量，将前后省道线合并，画顺最终的袖口弧线。

4. 衣片与袖子拼合

以前后肩线为基准，将前后衣片进行拼合，再把袖子拼合进来。根据拼合效果，如图 2-4-18 所示，分别绘制出前后衣身和插肩袖的拼合线，使衣片与袖子的拼合线等长。

最后，将袖片在袖中线处进行分割。

5. 下摆、袖口及罗纹领

如图 2-4-19 绘出下摆、袖口及罗纹领的结构。

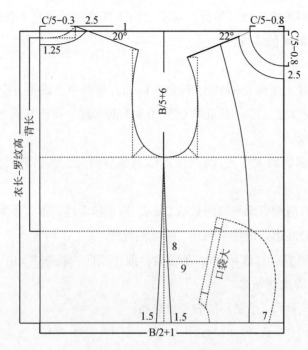

图 2-4-16　插肩袖夹克衣身原型图

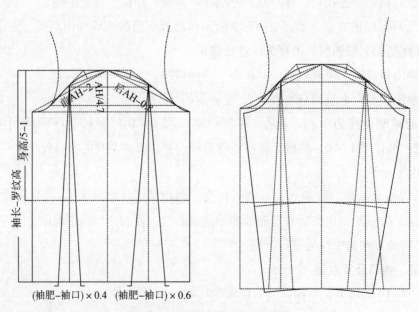

图 2-4-17　插肩袖夹克袖子原型图

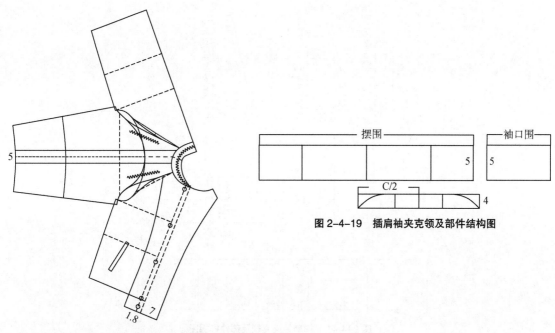

图 2-4-19 插肩袖夹克领及部件结构图

图 2-4-18 插肩袖夹克结构衣身、袖拼合

（二）分割线夹克样版绘制与放缝

样版绘制注意事项：插肩袖夹克的裁片面积较大，该款分为后衣片、前衣片、袖中 A、前袖 B、后袖 C、大口袋、小口袋、袖口罗纹、领口罗纹及下摆罗纹。

详见图 2-4-20～图 2-4-22 裁剪纸样。

放缝：

面料后衣片、前衣片、袖中 A、前袖 B、后袖 C、大口袋、小口袋、袖口罗纹、领口罗纹及下摆罗纹缝份均为 1 cm。

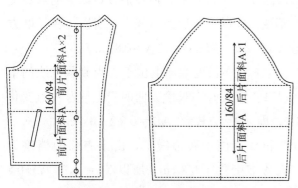

图 2-4-20 插肩袖夹克衣身样板图

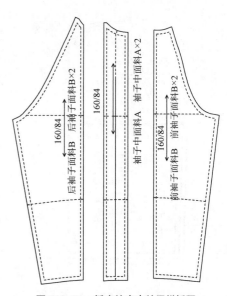

图 2-4-21 插肩袖夹克袖子样板图

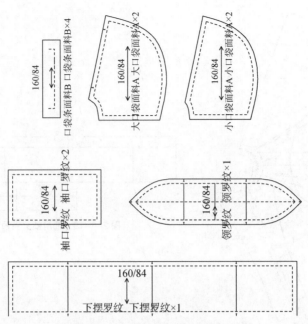

图 2-4-22　插肩袖夹克领及部件样板图

三、插肩袖夹克推版

（一）后片推版（图 2-4-23）

选取胸围线为长度方向的基准线，后中线为围度方向的基准线，两线交点为基准点。

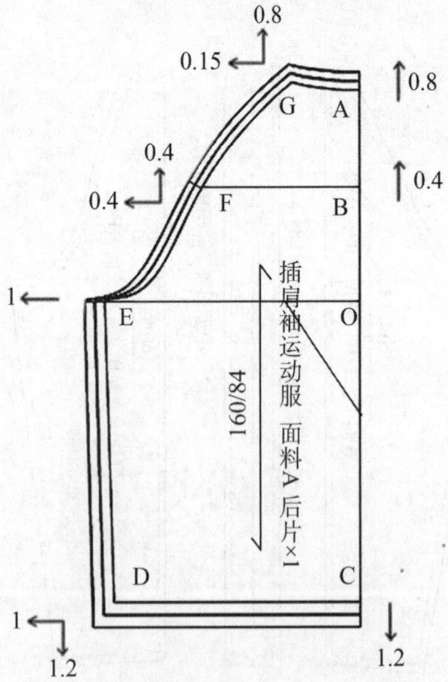

1. 长度方向分析

由于 E 点位于胸围线上，而胸围线是长度方向的基准线，所以 E 点在长度方向的变化量为 0。

A 点距离胸围线为 B/5+6-1.25，所以△A＝△胸围 /5＝0.8 cm。

后领深取 2.5 cm 定值，所以后领口线上的点长度方向均不变，G 点位于后领口线上，所以，在长度方向上与 A 点一致，即△G＝△A＝0.8 cm。

B 点和 F 点在长度方向上位于 A 点到胸围线的中点，所以 B 点和 F 点在长度方向的变化量为 A 点变化量的 1/2，即△B＝△F＝△A/2＝0.8/2＝0.4 cm。

C 点和 D 点位于底边线上，由于衣长的档差为 2 cm，而 A 点变化了 0.8 cm，所以△C＝△D＝2-0.8 ＝1.2 cm。

图 2-4-23　插肩袖夹克后片推版图

2. 围度方向分析

由于 A 点、B 点、C 点均位于后中线上，而后中线是围度方向的基准线，所以 A 点、B 点、C 点在围度方向的变化量为 0。

G 点距离围度基准线约为后领宽的 3/4，后领宽的公式为 C/5−0.3，所以△G＝△领围 /5×（3/4）＝0.15 cm。

F 点距离围度基准线约为背宽的 4/5，背宽的变化量约为△肩宽 /2，即 0.5 cm，所以△F＝0.4 cm。

因为 E 点距离围度基准线为（B/2＋1）/2，所以△E＝△胸围 /4＝1 cm。

D 点在围度方向比 E 点向内收了个定值 1.5 cm，因此 D 点在围度方向变化量应与 E 点一致，即△D＝△E＝1 cm。

（二）前片推版（图 2-4-24）

选取胸围线为长度方向的基准线，前中线为围度方向的基准线，两线交点为基准点。

1. 长度方向分析

由于 E 点位于胸围线上，而胸围线是长度方向的基准线，所以 E 点在长度方向的变化量为 0。

A 点和 C 点距离胸围线约为 B/5＋6，所以△A＝△C＝△胸围 /5＝0.8 cm。

因为前领深的公式为 C/5−0.8，前领深的变化量应为领围档差的 1/5，即 0.2 cm，所以△B＝△A−0.2＝0.6 cm。

D 点在长度方向上位于 A 点到胸围线的中点，所以 D 点在长度方向的变化量为 A 点变化量的 1/2，即△D＝△A/2＝0.8/2＝0.4 cm。

由于 I 点、H 点与后片的 C 点、D 点均位于底边线上，所以 I 点、H 点与后中片的 C 点、D 点在长度方向的变化量一致，即△I＝△H＝1.2 cm。

G 点、F 点位于罗纹下摆的上沿线，在推版中罗纹高度保持不变，所以 G 点、F 点与底边线上的 I 点、H 点在长度方向的变化量一致，即△G＝△F＝1.2 cm。

2. 围度方向分析

由于 B 点、H 点均位于前中线上，而前中线是围度方向的基准线，所以 B 点、H 点在围度方向的变化量为 0。

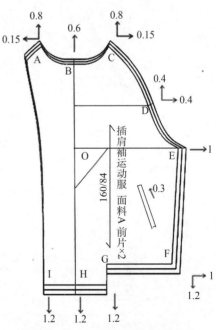

图 2-4-24 插肩袖夹克前片推版图

A 点和 C 点在围度方向上是对称的，距离围度基准线均约为前领宽的 3/4，前领宽的公式为 C/5−0.8，所以△A＝△C＝△领围 /5×（3/4）＝0.15 cm。

D 点距离围度基准线约为胸宽的 4/5，胸宽的变化量约为△肩宽 /2，即 0.5 cm，所以△D＝0.4 cm。

因为 E 点距离围度基准线为（B/2＋1）/2，所以△E＝△胸围 /4＝1 cm。

F 点在围度方向比 E 点向内收了个定值 1.5 cm，因此 F 点在围度方向变化量应与 E 点一致，即△F＝△E＝1 cm。

G 点和 I 点位于门襟线上，推版时门襟宽度保持不变，因此 G 点和 I 点在围度方向变化量为 0。

（三）袖推版

将袖片分为袖中 A、前袖 B 和后袖 C 三部分。

1. 前袖 B 推版（图 2-4-25）

选取袖肥线为长度方向的基准线，分割线为围度方向的基准线，两线交点为基准点。

（1）长度方向分析

由于 F 点位于袖肥线上，而袖肥线是长度方向的基准线，所以 F 点在长度方向的变化量为 0。

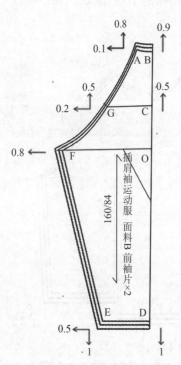

图 2-4-25 插肩袖夹克前袖推版图

C 点和 G 点距离袖肥线基本是一个袖山高，而运动款式夹克属于宽松款，袖山高变化量可取 0.5 cm，因此，△C＝△G＝0.5 cm。

A 点与前衣片中的 C 点拼合，所以 A 点在长度方向上与前衣片中的 C 点变化量一致，即△A＝0.8 cm。

B 点的变化量等于 C 点的变化量加上 C 点到 B 点这部分的变化，那么这一段和肩宽相关，其变化量可以通过衣身肩宽变化量计算得出为 0.4 cm，因此△B＝0.5＋0.4＝0.9 cm。

D 点和 E 点位于袖口线上，由于袖长的档差为 1.5 cm，而 C 点变化量为 0.5，所以△D＝△E＝△袖长−△C＝1 cm。

（2）围度方向分析

由于 B 点、C 点、D 点位于分割线上，而分割线是围度方向的基准线，所以 B 点、C 点、D 点在围度方向的变化量为 0。

F 点距离围度基准线约为 B/5＋6−2.5，所以△F＝△胸围 /5＝0.8 cm。

G 点距离基准线是胸宽减掉前片 D 点处的变化量，因此△G=0.6−0.4=0.2 cm。

A 点距离围度基准线要考虑前领宽的变化，可以近似变化量为 0.1 cm。

E 点为袖口上端的点，由于袖口档差为 1，那么前后袖片各变化一半，所以△E=△袖口 /2=0.5 cm。

2. 袖中 A 推版（图 2-4-26）

袖中 A 为袖子的装饰线条，推版时宽度不变，长度与前袖 B 的长度变化一致。

所以，长度方向上 A 点与前袖 B 中的 B 点变化量一致，即△A=0.9 cm；B 点与前袖 B 中的 D 点变化量一致，即△B=1 cm。

3. 后袖 C 推版

选取袖肥线为长度方向的基准线，分割线为围度方向的基准线，两线交点为基准点。

（1）长度方向分析

由于 D 点位于袖肥线上，而袖肥线是长度方向的基准线，所以 D 点在长度方向的变化量为 0。

因分割线 AF 与袖中 A 的右侧分割线拼合，所以 A 点和 F 点在长度方向的变化应分别与袖中 A 的 A 点和 B 点一致，即△A=0.9 cm，△F=1 cm。

因 B 点与后衣片中的 G 点拼合，所以 B 点在长度方向上与后衣片中的 G 点变化量一致，即△B=0.8 cm。

C 点和 G 点与前袖 B 中的 C 点和 G 点在一条水平线上，所以变化量一致，即△C=△G=0.5 cm。

E 点位于与前袖 B 中的 D 点和 E 点在一条水平线上，所以变化量一致，即△E=1 cm。

（2）围度方向分析

由于 A 点、G 点、F 点位于分割线上，而分割线是围度方向的基准线，所以 A 点、G 点、F 点在围度方向的变化量为 0。

D 点距离围度基准线约为 B/5+6−2.5，所以△D=△胸围 /5=0.8 cm。

图 2-4-26　插肩袖夹克袖中推版图

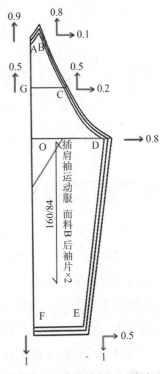

图 2-4-27　插肩袖夹克后袖推版图

C 点距离基准线是背宽减掉后片 F 点处的变化量，因此△C＝0.6－0.4＝0.2 cm。

B 点距离围度基准线要考虑后领宽的变化，可以近似变化量为 0.1 cm。

E 点为袖口上端的点，由于袖口档差为 1，那么前后袖片各变化一半，所以△E＝△袖口 /2＝0.5 cm。

（四）领子及部件推版（图 2-4-28）

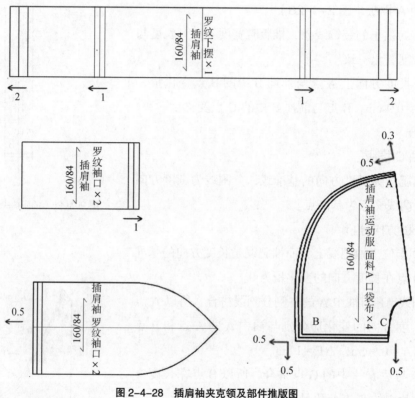

图 2-4-28　插肩袖夹克领及部件推版图

拓展实践训练 ∨

　　机车服起源于摩托车文化，又称为摩托车夹克，是一种经典的时尚单品。强调自由、独立、摩登的生活方式和态度，以其硬朗的外观和抗风性能，在时尚界备受喜爱。机车服在设计上已超乎于服装本身，更是一种态度和个性的表达。

　　机车服通常采用黑色或深色为主色调，以皮质材质为主，带有金属质感和工业感，代表着自由、独立、不受束缚的精神，非常符合现代年轻人对于个性和自由的追求。

　　请认真分析机车服的特点，融入休闲元素及都市风格，设计一款简洁时尚的日常穿着机车服，完成全套号型工业样版绘制。

要求：

1. 机车服品类分析。机车服代表着自由、独立、不受束缚的精神，也会给人一种不羁和叛逆的感觉。对此你如何理解，怎样通过机车服的设计及穿着传达一种时尚、青春、活力的正能量。

2. 效果图、款式图绘制。绘制出效果图、款式图的正背面，并分析其特点。

3. 规格设计。设计全套号型的规格尺寸表。

4. 基础样版绘制。以科学严谨的精神进行基础样版绘制，版型准确合理、标注符合标准且齐全。

5. 推版。根据推版原理以手工或者 CAD 形式完成 5 个码的推放，推版过程要合理、推版数据需准确，推版图型应规范。

专题项目五
西装制版与推版

西装起源
与发展 >>>

案例一 / 女西装制版与推版

【案例导入】（图 2-5-1）

图 2-5-1　女西装实物与款式图

款式分类与规格设计

一、款式特点及规格尺寸

此款女西装是一款戗驳领的四开身西装，前片由两个前中片和两个前侧片组成，后片由两个后中片和两个后侧片组成。后片左右两侧各设袖窿公主线分割，设有两个后开衩。前片左右是含有袋盖的双嵌线挖袋，前中钉一粒纽扣。袖子为合体两片袖，袖口钉四粒纽扣。女西装成品尺寸规格见表2-5-1。

表2-5-1　女西装成品尺寸规格表　　　　　　　　单位：cm

部位＼规格	155/80A	160/84A	165/88A	档差
胸围	91	95	99	4
衣长	61	63	65	2
腰围	75	79	83	4
领围	37.5	38.5	39.5	1
肩宽	37.5	38.5	39.5	1
袖长	54.5	56	57.5	1.5
袖口	24.5	25	25.5	1
净胸围	80	84	88	4
胸量	3	3	3	0
袖肥	31.8	33	34.2	1.2
身高	155	160	165	5
半背胸差	2.5	2.5	2.5	0
腰节高	37	38	39	1

二、女西装制版原理与方法

（一）制版（图2-5-2～图2-5-4）

制版要点分析：

选取160/88A为标准中间规格，以此作为服装生产企业的母版号型，进行基本纸样绘制。

此款女西装衣身的长度考虑在人体臀围以下的位置，制图时延长后中心线至腰节以下25 cm。此款合体效果较好，胸围和腰围尺寸可与原型一致。

1. 后衣片

按照女西装规格尺寸，根据原型的制版方法，作出女西装的基础框架。按照胸腰差设定好腰省，作出后片分割缝，形成后片结构。详细步骤见原型做法。

2. 前衣片

① 在原型基础上，根据实物图片款式造型中分割线的位置及形态，绘制出前片分割线。

② 合并肩省，将其一部分转移至领子部位，一部分转移至腋下省。

③ 绘制驳头。

a. 作翻折线：因为此款为一粒扣结构，自腰围线附近向外量取 1.8 cm 的叠门量，确定为下翻折止点。自前肩颈点向外延长 2 cm，找到一点，与下翻折点直线相连，作出翻折线。

b. 在翻折线内侧根据实物图片造型绘制出驳头，再将其对称到翻折线外侧。

c. 根据造型效果画顺门襟线。

④ 绘制领子。

a. 绘制出合并领省后的前领圈，在此基础上绘制领子。

b. 距离翻折线 3.5 cm 作出其平行线，与肩线相交，以相交点为基准点，向后倒伏 14.5° 作出后领底基础线，按照衣身后领弧线长度取值，找到后领底中点。

c. 过后领底中点作后领底线的垂线，长度为底领宽＋翻领宽。

d. 画顺领底弧线和领外围线。

⑤ 绘制挂面：确定挂面宽度，上端宽度为 3 cm、下端宽度为 9.5 cm，根据造型进行调整。

⑥ 如图 2-5-2 所示，绘制口袋布。

3. 袖片

该袖为两片袖，先绘制原型基础袖，再绘制大小袖。

基础袖的绘制：在原型袖的基础上，过前袖肥中点向下作垂线与袖肘线及袖口线相交。在袖肘线上向左取 1 cm，找到一点，过此点作 15：2.5 的一条斜线交于袖口线，用圆顺的弧线相连，这是前袖下弧线的基础线。在袖口处取袖口围 /2，垂直于前袖下弧线的基础线，为新的袖口线。在后袖片作一条线垂直于袖口线，再用圆顺的弧线连接到后袖肥中心点，这就完成了后袖下弧基础线。在后袖下弧基础线上取袖衩长度为 12 cm、宽度为 3.5 cm。

画前后大小袖：在前袖下弧基础线上取大小偏袖 3.5 cm，即大袖向外扩大 2.5～3 cm，并顺势向上与袖窿弧线相交，确定大袖袖窿底点；小袖向内缩小 3.5 cm，并顺势向上画至与大袖袖窿底点相平，确定小袖袖窿最低点。在后袖下弧基础线上袖肥线处大小偏袖 0.6 cm，大袖向外扩大，并顺势向上与袖窿弧线相交，确定大袖袖窿底点；小袖向内缩小 0.6 cm，并顺势向上画至与大袖袖窿底点相平，确定小袖袖窿最高点。最后连接前后小袖袖窿最高点与袖窿底点，用圆顺弧线连接。

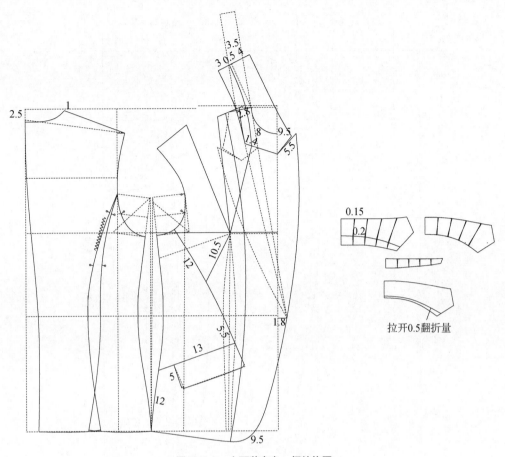

图 2-5-2 女西装衣身、领结构图

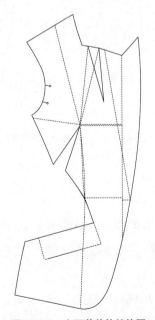

图 2-5-3 女西装前片结构图

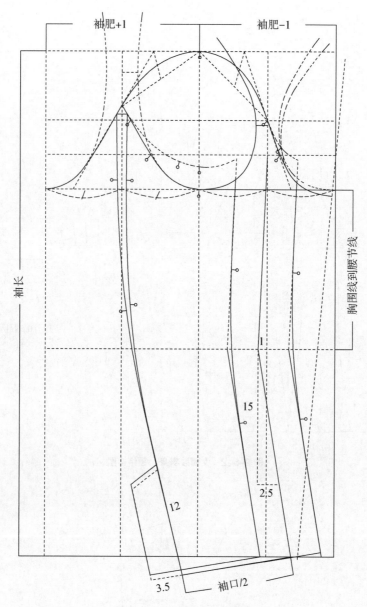

图 2-5-4　女西装袖子结构图

（二）女西装样版绘制与放缝

样版绘制注意事项：该款分为前中片、前侧片、后中片、后侧片、门襟贴、底领、浮领大袖片、小袖片、口袋，详见图 2-5-5 裁剪纸样。

放缝：

① 面料除前中片、后中片、后侧片的底边为 3 cm 外，其余部分的缝份均为 1 cm。

② 面料大袖片、小袖片袖山及袖肥缝份 1 cm，袖口缝份 3 cm。

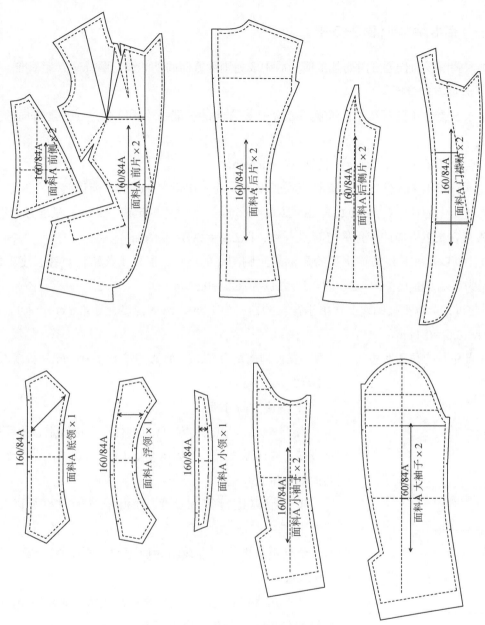

图 2-5-5　女西装样版裁片

三、女西装推版

　　该款女西装长度方向的推版数据是以后片肩端点推版数据为基础，通过档差公式、相似形推导而来。由于后片肩端点距离胸围线约为 1＋3＋（袖肥 /2－1－0.5），所以后片肩端点在长度方向的变化量约为袖肥档差的 1/2，即 0.6 cm。

（一）后中片推版（图2-5-6）

选取胸围线为长度方向的基准线，后中线为围度方向的基准线，两线交点为基准点。

1. 长度方向分析

由于 E 点位于胸围线上，而胸围线是长度方向的基准线，所以 E 点在长度方向的变化量为 0。

C 点为肩端点，由上面分析得知△C＝0.6 cm。

此款肩斜不变，已知肩端点 C 点在长度方向的变化量为 0.6 cm，所以侧颈点 B 点在长度方向的变化量应与 C 点一致，△B＝△C＝0.6 cm。后领深取定值 2.5 cm，长度方向不变，所以 A 点在长度方向的变化量与 B 点一致，即△A＝△B＝0.6 cm。

J 点和 D 点在长度方向上位于肩端点至胸围线的中点，所以 J 点和 D 点在长度方向的变化量为肩端点变化量的 1/2，即△J＝△D＝0.6/2＝0.3 cm。

I 点和 F 点位于腰围线上，由于背长的档差为 1 cm，而 A 点变化了 0.6 cm，所以△I＝△F＝1－0.6＝0.4 cm。

H 点和 G 点位于底边线上，由于衣长的档差为 2 cm，而 A 点变化了 0.6 cm，所以△H＝△G＝2－0.6＝1.4 cm。

2. 围度方向分析

由于 A 点、J 点、I 点、H 点均位于后中线上，而后中线是围度方向的基准线，所以 A 点、J 点、I 点、H 点在围度方向的变化量为 0。

B 点距离围度基准线约为领围/5－0.3，所以△B＝△领围/5＝0.2 cm。

C 点距离围度基准线约为肩宽/2，所以△C＝△肩宽/2＝0.5 cm。

D 点在背宽线上，一般西服的背宽档差取 0.6 cm，袖窿宽档差取 0.4 cm，所以△D＝△背宽＝0.6 cm。

E 点距离围度基准线约为背宽的 2/3，所以△E＝△背宽×（2/3）＝0.4 cm。

因为 E 点、F 点、G 点均为后中片侧缝线上的点，为保证型的一致，其在围度方向的变化量应相等，所以△F＝△G＝△E＝0.4 cm。

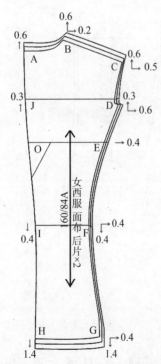

图 2-5-6　女西装后中片推版图

（二）后侧片推版（图2-5-7）

选取胸围线为长度方向的基准线，侧缝线为围度方向的基准线，两线交点为基准点。

1. 长度方向分析

由于F点位于胸围线上，而胸围线是长度方向的基准线，所以F点在长度方向的变化量为0。

由于A点与后中片的D点重合，所以A点与后中片的D点在长度方向的变化量一致，即△A＝0.3 cm。

由于B点、E点与后中片的F点、I点均位于腰围线上，所以，B点、E点与后中片的F点、I点在长度方向的变化量一致，即△B＝△E＝0.4 cm。

由于C点、D点与后中片的G点、H点均位于底边线上，所以C点、D点与后中片的G点、H点在长度方向的变化量一致，即△C＝△D＝1.4 cm。

2. 围度方向分析

选取侧缝线为围度方向基准线。从理论上说，基准线应该是垂线才可以实施，因此，我们画一条辅助的垂直于侧缝线的围度基准线。也就是说，在推版时，保证侧缝线与辅助基准线的距离不变即可，所以B点和C点在围度方向的变化量为0。

已知后中片胸围变化量为0.4 cm，则后侧片的胸围变化量应为△胸围/4减去后中片胸围变化量，所以△F＝△胸围/4－0.4＝0.6 cm。同理，腰围上的E点变化量应为△腰围/4减去后中片腰围变化量，所以△E＝△腰围/4－0.4＝0.6 cm。D点为E点顺下来的点，故D点的变化量应与E点一致，即△D＝△E＝0.6 cm。

A点距离围度基准线约为一个袖窿宽，一般西服的背宽档差取0.6 cm，袖窿宽档差取0.4 cm，所以△A＝△袖窿宽＝0.4 cm。

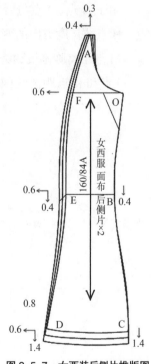

图2-5-7　女西装后侧片推版图

（三）前中片推版（图2-5-8）

选取胸围线为长度方向的基准线，前中线为围度方向的基准线，两线交点为基准点。

1. 长度方向分析

N点位于胸围线上，而胸围线是长度方向的基准线，所以N点在长度方向的变化量为0。

已知后侧颈点长度方向变化量为0.6 cm，前侧颈点与后侧颈点在长度方向的变化量应一致，所以△B＝0.6 cm。

又因为前领深的公式为C/5－0.8，前领深的变化量应为领围档差的1/5，所以△C＝△B－△领围＝0.6－0.2＝0.4 cm。

A点为前片肩端点，应与后片肩端点在长度方向变化一致，前面分析得知后片肩端点C点变化量为0.6 cm，所以△A＝0.6 cm。

D点和E点为驳头上的点，为保证型的一致，推版时驳头宽度不变，长度跟衣身变化一致，所以△D＝△E＝△C＝0.4 cm。

F点和P点在长度方向上位于肩端点至胸围线的中点，所以F点和P点在长度方向的变化量为A点变化量的1/2，即△F＝△P＝△A/2＝0.3 cm。

由于G点、L点与后中片的F点、I点均位于腰围线上，所以，G点、L点与后中片的F点、I点在长度方向的变化量一致，即△G＝△L＝0.4 cm。

由于H点、I点与后中片的G点、H点均位于底边线上，所以H点、I点与后中片的G点、H点在长度方向的变化量一致，即△H＝△I＝1.4 cm。

M点距离胸围线约为L点的一半，所以△M＝△L/2＝0.2 cm。

J点和K点距离腰围线为一定值，所以J点和K点在长度方向的变化量应与腰围线上的L点一致，即△J＝△K＝△L＝0.4 cm。

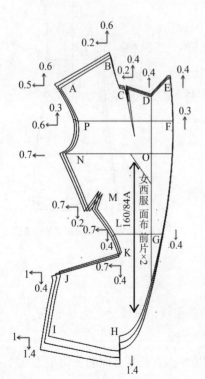

图 2-5-8　女西装前中片推版图

2. 围度方向分析

D点位于前中线上，而前中线是围度方向的基准线，所以D点在围度方向的变化量为0。

由于门襟宽取定值，所以驳头外轮廓线上的E点、F点、G点在围度方向的变化量为0。

B点和C点距离围度基准线约为一个领宽，即C/5－0.8，所以△B＝△C＝△领围/5＝0.2 cm。

A点距离围度基准线约为肩宽/2，所以△A＝△肩宽/2＝0.5 cm。

P点在胸宽线上，一般西服的胸宽档差取0.6 cm，袖窿宽档差取0.4 cm，所以△P＝△胸宽＝0.6 cm。

由于前侧片胸部宽度约占袖窿宽的3/4，所以前侧片胸部的变化量＝△袖窿宽×3/4，即0.3 cm，所以前中片胸部的变化量＝△胸围/4－0.3＝0.7 cm，即△N＝0.7 cm。

因为K点、L点、M点、N点均在一条分割线上，为保证型的一致，其在围度方向的变化量应相等，所以

△K＝△L＝△M＝△N＝0.7 cm。

J点和I点在侧缝线上，根据其绘制过程，其变化量应为△胸围/4，即△J＝△I＝△胸围/4＝1 cm。

（四）前侧片推版（图2-5-9）

选取胸围线为长度方向的基准线，侧缝线为围度方向的基准线，两线交点为基准点。

1. 长度方向分析

A点距离胸围线的量很小，可忽略不计，所以A点在长度方向的变化量为0。

由于C点、E点与前中片的G点、L点均位于腰围线上，所以，C点、E点与前中片的G点、L点在长度方向的变化量一致，即△C＝△E＝0.4 cm。

D点距离腰围线为一定值，所以D点在长度方向的变化量应与腰围线上的E点一致，即△D＝△E＝0.4 cm。

B点距离胸围线约为C点的一半，所以B点在长度方向的变化量等于C点的一半，即△B＝△C/2＝0.2 cm。

2. 围度方向分析

选取侧缝线为围度方向基准线。从理论上说，基准线应该是垂线才可以实施，因此，我们画一条辅助的垂直于侧缝线的围度基准线。也就是说，在推版时，保证侧缝线与辅助基准线的距离不变即可，所以E点和D点在围度方向的变化量为0。

前面分析得知，由于前侧片胸部宽度约占袖窿宽的3/4，所以前侧片胸部的变化量＝△袖窿宽×3/4，即0.3 cm，所以△A＝0.3 cm。

因为A点、B点、C点均在一条分割线上，为保证型的一致，其在围度方向的变化量应相等，所以△B＝△C＝△A＝0.3 cm。

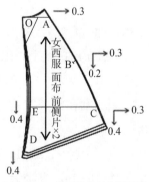

图2-5-9 女西装前侧片推版图

（五）大袖推版（图2-5-10）

选取袖肥线为长度方向的基准线，袖中线为围度方向的基准线，两线交点为基准点。

1. 长度方向分析

C点、I点位于袖肥线上，而袖肥线是长度方向的基准线，所以C点、I点在长度方向的变化量为0。

由于A点距离袖肥线为袖肥/2－2，所以A点在长度方向的变化量约为袖肥档差的一半，即△A＝△袖肥/2＝0.6 cm。

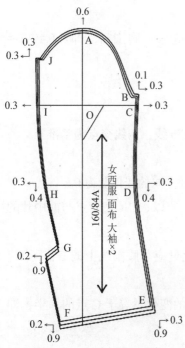

图2-5-10 女西装大袖推版图

J点在长度方向上距离袖肥线约为袖山高的1/2，所以△J＝△A/2＝0.3 cm。

B点在长度方向上距离袖肥线约为袖山高的1/6，所以△J＝△A/6＝0.1 cm。

D点和H点位于袖肘线上，我们知道A点距离袖肘线为身高/5－1，所以A点与袖肘线的距离变化量为身高档差/5，而A点的变化量为0.6，所以△D＝△H＝△身高/5－△A＝0.4 cm。

E点和F点位于袖口线上，我们知道袖长的档差为1.5 cm，而A点的变化量为0.6，所以△E＝△F＝△袖长－△A＝0.9 cm。

2. 围度方向分析

A点位于袖中线上，而袖中线是围度方向的基准线，所以A点在围度方向的变化量为0。

由于B点、C点、D点、E点由前袖肥中点得来，所以B点、C点、D点、E点在围度方向的变化量为袖肥档差的1/4，即△B＝△C＝△D＝△E＝△袖肥/4＝0.3 cm。

F点在袖口线上，因为袖口的档差为1 cm，我们将袖口档差平均分配在大小袖中，即大袖袖口档差为0.5 cm。因为E点变化量为0.3 cm，所以△F＝0.5－0.3＝0.2 cm。

因为袖衩的长宽均为定值，所以G点与F点在围度方向变化量一致，即△G＝△F＝0.2 cm。

由于J点、I点、H点由后袖肥中点得来，所以J点、I点、H点在围度方向的变化量为袖肥档差的1/4，即△J＝△I＝△H＝△袖肥/4＝0.3 cm。

（六）小袖推版（图2-5-11）

选取袖肥线为长度方向的基准线，袖中线为围度方向的基准线，两线交点为基准点。

1. 长度方向分析

B点、H点位于袖肥线上，而袖肥线是长度方向的基准线，所以B点、H点在长度方向的变化量为0。

由于A点与大袖中的J点重合，所以A点与大袖中的J点在长度方向的变化量一致，即△A＝0.3 cm。

由于C点、G点与大袖的D点、H点均位于袖肘线上，所以，C点、G点与大袖的D点、H点在长度方向的变化量一致，即△C＝△G＝0.4 cm。

由于 E 点、F 点与大袖的 E 点、F 点均位于袖口线上，所以，E 点、F 点与大袖的 E 点、F 点在长度方向的变化量一致，即△E＝△F＝0.9 cm。

由于袖衩的长度和宽度均不变，所以 D 点的变化量应与 E 点和 F 点一致，即△D＝△E＝△F＝0.9 cm。

2. 围度方向分析

由于 H 点、G 点、F 点由前袖肥中点得来，所以 H 点、G 点、F 点在围度方向的变化量为袖肥档差的 1/4，即△H＝△G＝△F＝△袖肥 /4＝0.3 cm。

E 点在袖口线上，由前面分析得知小袖袖口档差为 0.5 cm，又因为 F 点变化量为 0.3 cm，所以△E＝0.5－0.3＝0.2 cm。

因为袖衩的长宽均为定值，所以 D 点与 E 点在围度方向变化量一致，即△D＝△E＝0.2 cm。

由于 A 点、B 点、C 点由后袖肥中点得来，所以 A 点、B 点、C 点在围度方向的变化量为袖肥档差的 1/4，即△A＝△B＝△C＝△袖肥 /4＝0.3 cm。

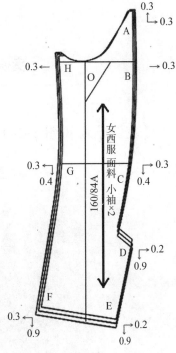

图 2-5-11　女西装小袖推版图

（七）领子推版（图 2-5-12）

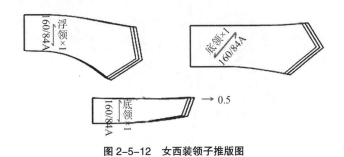

图 2-5-12　女西装领子推版图

案例二／ 男西装制版与推版

【案例导入】（图 2-5-13）

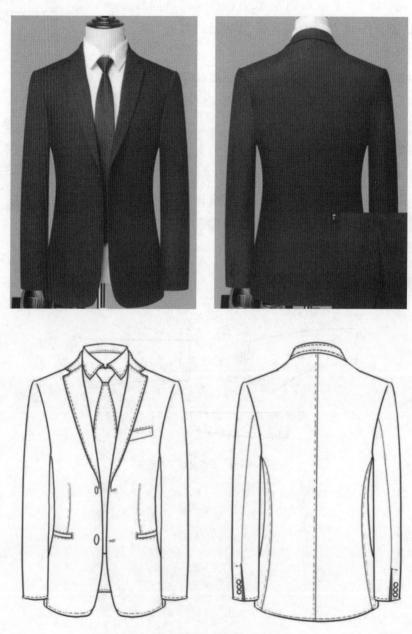

图 2-5-13 男西装成衣实物与款式图

一、款式特点及规格尺寸

本款男西装主要由两个前片、两个后片和两个袖片组成，翻驳领，前衣片左边有胸袋，左右前片有带袋盖的双嵌线口袋，圆角下摆，两粒扣。男西装成品规格尺寸见表2-5-2。

表 2-5-2　男西装成品规格尺寸　　　　　　　　　单位：cm

部位＼规格	170/88A	175/92A	180/96A	档差
后衣长	70	72	74	2
胸围	104	108	112	4
中腰	94	98	102	4
下摆围	106	110	114	4
肩宽	44.5	45.7	46.9	1.2
袖长	60.5	62	63.5	1.5
袖口围	26.5	27.5	28.5	1
袖肥	37.3	38.5	39.7	1.2

二、男西装制版原理与方法

（一）制版（图2-5-14、图2-5-15）

1. 后片

① 画矩形，矩形宽为（胸围＋3.5）/2＋8＋搭门量，长为衣长。

② 自上平线向下量取胸围/5＋3.6 cm，定胸围线，自上平线向下量取背长定腰围线，继续往下一个臀高（20 cm）定出臀围线。自后中基础线往左量取（胸围＋3.5）×0.3向下作垂线，定出侧缝基础线。

③ 自后中基础线往左量取0.15胸围＋3.7＋2，定出后背宽，往下作垂线为后片侧缝基础线。

④ 画后领弧线：在后中基础线与上平线的交点向左量取后领宽为领大/5－0.3，向上量取1/3后领宽，画顺后领弧线。

⑤ 画后肩斜线：按照15:6作出后肩斜，按照肩宽/2＋0.2，定出肩端点，画出后肩线。

⑥ 画后袖窿线：自胸围线与后中侧缝基础线的交点往上胸围/20，向外0.8~1 cm，定出一点，圆顺连接肩端点，画顺后袖窿线。

⑦ 画后背缝：后中基础线与腰围线处、下平线处均往里收 2 cm，后领中点内收 0.3 cm，画顺后背缝。

⑧ 定后腰大和后下摆宽：按照腰围 ×0.15＋3、衣摆 ×0.15＋2.4，分别定出后腰大点和后下摆大点。

⑨ 画后侧缝线：圆顺连接后袖窿底点、腰围大点、下摆大点，形成后片侧缝线。

2. 后腋下片

① 定出胸围大：自侧缝基础线与胸围线的交点处往左 2.8 cm、往右（胸围＋3.5）×0.075－0.8 cm，定出该片胸围大。

② 画后袖窿底弧线：自右侧胸围大点往上抬高胸围 /20，定出一点，圆顺画出后袖窿底弧线。

③ 定出腰围大：自侧缝基础线与腰围线的交点向右量取腰围 ×0.075＋0.2 cm，定出右侧腰围点，从该点往左量取腰围 ×0.15－3.8 cm 定出左侧腰围大点。

④ 定出下摆线：自侧缝基础线与下平线的交点向右量取下摆 ×0.075＋0.4 cm，定出右侧摆围大点，从该点往左量取下摆 ×0.15－1.4 cm 定出左侧摆围大点。

⑤ 画顺前后侧缝线：分别经过左右胸围大点、腰围大点、摆围大点，画顺前后侧缝线，前底摆处下落约 0.6 cm。

3. 前片

① 画前胸宽，自前中线往左 0.15 胸围＋3.7 定出前胸宽，通过前胸宽作竖直线。

② 画前领宽，前中偏进 3 cm 后量取领围 /5－0.8，定出前领宽点。

③ 画前肩线，前肩斜为 15：5.4，大小为后肩长－1.1，画出前肩线。

④ 画前袖窿弧线，前胸宽线与胸围线的交点右移 3 cm，定出前胸大点，与肩端点圆顺连接，形成前袖窿弧线。

⑤ 画腰围大，在腰围线上自前中开始量取 0.2 腰围＋1.6，定出腰围大点。

⑥ 画底摆线，在下水平线上，自前中下落 2.3 cm，向右 0.2 画出底摆线。

⑦ 画门襟线，搭门量可设为 1.5 cm，自搭门线与腰围线的交点上移约 2.5 cm，定出驳领基点。自该点往下按款式图画出前门襟圆摆造型。

⑧ 画扣位，第一粒扣在驳领基点，第二粒扣距离第一粒扣 11 cm。

⑨ 画手巾袋，自前颈肩点往下作竖直线，在胸围线以上胸围 /20，按照袋宽 2.2 cm、袋大 10.5 cm，靠近袖窿处向上倾斜 1.8 cm，作出手巾袋。

⑩ 画腰省，以前肩颈点往下的竖直线为省中心，大小为 1.6 cm，起点位于胸围线下 2 cm，往下至第二粒扣位水平位置。

⑪ 画双嵌线口袋，自腰省往左 1 cm 开始，按照口袋大 14 cm，画出口袋线，如图 2-5-14 作出袋盖和口袋布。

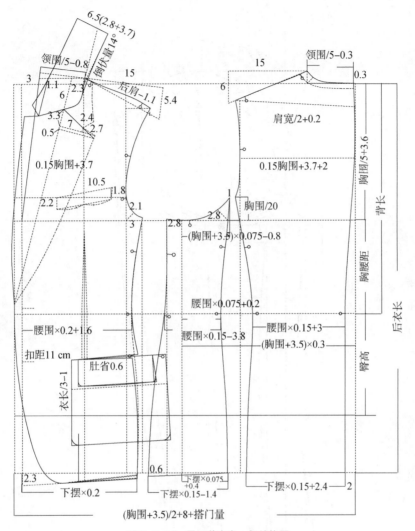

图 2-5-14　男西装衣身、领结构图

⑫ 画前侧缝线，自前胸围大、前腰围大至下摆画出前侧缝线，口袋线处设置 0.6 cm 的肚省。

⑬ 画翻折线，前肩颈点左量 2.3 cm，与驳领基点连接，形成翻折线。

⑭ 画驳头，在翻折线上自上往下量取 6 cm，按照驳头宽 7 cm，画出驳头造型。

4. 领子

自颈肩点向上画出翻折线的平行线，按照倒伏量 14° 顺时针旋转，在其上量取后领弧线长，定出后领底中点，过该点作后领底线的垂线，长度为 6.5 cm，画出领外围线及平驳领造型。

5. 袖片（图 2-5-15）

① 把衣身袖窿按照衣身缝拼成完整前后袖窿弧。

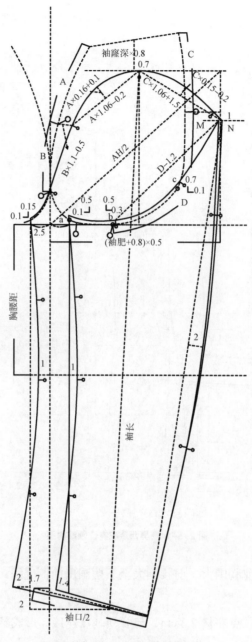

图 2-5-15　男西装袖子结构图

② 按照前后袖窿弧剪口分成 A、B、C、D 四部分。

③ 衣身袖窿前胸宽位置作一条长切线，在衣身袖窿底作另一条切线，两条切线互相垂直，得到垂直点 O。

④ 在袖底切线上取袖肥直线段，长度：（袖肥＋0.8）×0.5，在袖肥线上作一条垂直线，准备画袖山高。

⑤ 从 O 点至袖肥垂直线上作斜线，长度为：前后袖窿弧长 ×0.5（袖山高约等于衣身袖窿深中点高度的 80%），找到袖山高，并作一条直线。

⑥ 衣身前袖窿弧线吻合点根据对称线（前胸宽切点直线），找到大袖的吻合点。从大袖吻合点位置斜上量取 B×1.1－0.5 cm，距离袖窿弧线 1.5 cm，找到 B1 点。

⑦ 从 B1 点向袖山高直线上作斜线长度 A×1.06－0.2 cm，找到袖山顶点。

⑧ 从后背部袖窿上剪口处，向袖肥垂直线作直线，再向下 1 cm 作一条直线 MN。

⑨ 从袖山顶点向直线 MN 上作斜线，取长度：C×1.06＋1.5 cm。

⑩ 袖底点，向上 0.5 cm、向后 0.3 cm 找到 b 点，从 b 点向 MN 上作斜线，取长度 D－1.2 cm。

⑪ 从袖山顶点斜 7 度，向下作线段取袖长＋0.6 cm，取袖长。

⑫ 从前袖窿拼接位置点向袖肥线作垂线，定小袖偏袖点。找到点后根据对称线（前胸宽切点直线）再作对称点，找到的新对称点向上 0.15 cm、向前 0.1 cm 找到大袖偏袖点，并分别与袖长点作垂线。

⑬ 袖口处，袖长线与前胸宽切线向前 1.7 cm 连接，再上 2.3 cm 找到一点与袖长点连接，延长至袖口宽 /2 cm，确定袖口大小。

⑭ 袖肘线位置：从袖肥位置向下取胸腰距即袖肘线。

⑮ 画大小袖偏袖线：袖肘位置向里 1 cm，上端点大袖位置同 ⑫ 偏袖位置。上端点小袖位置：小袖偏袖点与衣身袖窿交点，向上 0.5 cm、向前 0.1 cm，找到 a 点。袖口位置：大袖向前 2 cm、小袖向前 1.4 cm，最后，连接各点，分别画顺。

⑯ 袖外侧线，MN 线上找到的大袖点 C1 与袖口连一条直线，找到袖肘位置，向上 1 cm、向外 2 cm 找到一个点，顺势连接这上端、袖肘位置、袖口处三个点，画弧线圆顺。

⑰ 画大袖袖窿弧，前袖 B1 点至袖顶点 1/2 位置处，向外取 A×0.16＋0.1 cm，取点准备画前袖窿弧。后袖 C1 点至袖顶点 1/2 位置处，向外取 C×0.15－0.2 cm，取点准备画后袖窿弧，最后连接各点画圆顺大袖窿弧线。

⑱ 画小袖袖窿弧，侧缝袖窿点向上 0.7 cm，向后 0.1 cm 找到 c 点，顺势连接 a、b、c 及 MN 线上的小袖点，连接圆顺。

（二）男西装样版绘制与放缝（图 2-5-16）

放缝：

① 衣身底边、袖口处放缝 3～4 cm。

② 袖窿弧线、侧缝线、分割线、肩线和领窝弧线缝份是 1 cm。

③ 其他部位缝份都是 1.5～2 cm。

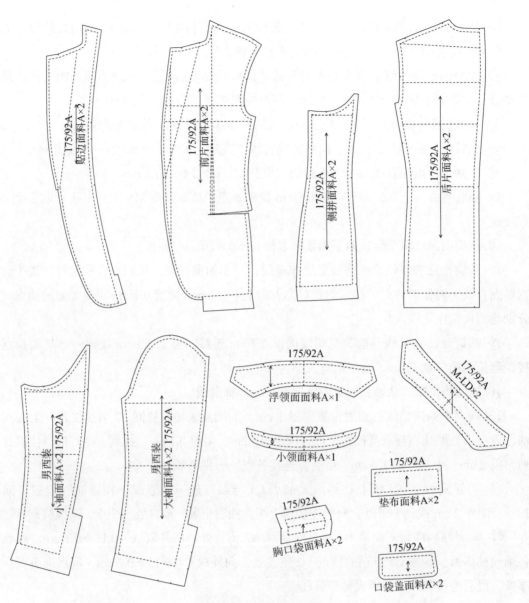

图 2-5-16　男西装样版裁片

三、男西装推版

(一)后片推版(图 2-5-17)

选取胸围线为长度方向的基准线,后中线为围度方向的基准线,两线交点 O 为基准点。

1. 长度方向分析

O 点和 I 点在胸围线上,其长度方向的变化量为 0,即△O＝△I＝0。

C 点距胸围线是胸围 /5＋3.6,所以△C＝1/5×△胸围＝4/5＝0.8 cm。

后领深可设为定数，所以△B＝△C＝0.8 cm。

因为肩斜的档差为0.1 cm，所以△A＝△B－0.1＝0.7 cm。

D点和J点在背宽横线上，距离胸围基准线为后窿深的一半，所以△D＝△J＝0.35 cm。

E点和H点在腰围线上，背长的档差为1.1 cm，所以△E＝△H＝△背长－△B＝1.1－0.8＝0.3 cm。

G点和F点在底摆线上，由于衣长档差为2 cm，所以△G＝△F＝△衣长－△B＝2－0.8＝1.2 cm。

K点在胸围线以上胸围/20，所以△G＝4/20＝0.2 cm。

2. 围度方向分析

C、D、E、F、O点均在后中线上，这些点围度方向的变化量都是0。

B点距基准线为后领宽C/5－0.2，所以△B＝1/5领围＝1/5×1＝0.2 cm。

A点距基准线为1/2肩宽，所以△A＝1/2△肩宽＝1/2×1.2＝0.6 cm。

J点距基准线是后背宽，为0.15胸围＋3.7＋2，所以△J＝0.15×4＝0.6 cm。I、K、J点的变化保持一致，所以△I＝△J＝△K＝0.6 cm。

H点距基准线为0.15腰围＋3，所以△H＝0.15×4＝0.6 cm。

G点围度方向变化量可参考H点，所以△H＝0.15×4＝0.6 cm。

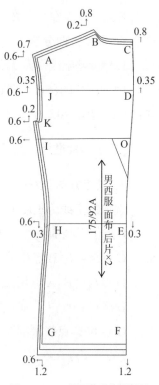

图2-5-17 男西装后片推版图

（二）侧片推板（图2-5-18）

选取胸围线为长度方向的基准线，侧缝基础线为围度方向的基准线，交点O为基准点。

1. 长度方向分析

胸围线上的G点和B点长度方向保持不变，即△G＝△B＝0。

A点距胸围线是胸围/20，所以△A＝1/20×4＝0.2 cm。

F点和C点在腰围线上，同后片，所以△F＝△C＝0.3。

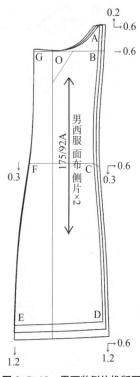

图2-5-18 男西装侧片推版图

E 点、D 点在下摆线上，同后片，所以△E＝△D＝1.2 cm。

2. 围度方向分析

以侧缝基础线作为基准线，侧片上的 GFE 线距侧缝基准线可设为固定值，推围度时不变。

因为侧片的胸围、腰围、下摆围均为 0.15 倍的其部位值加减定数，所以，△A＝△B＝0.15×△胸围＝0.6 cm，△C＝0.15×△腰围＝0.6 cm，△D＝0.15×△下摆围＝0.6 cm。

（三）前片推板（图2-5-19）

1. 长度方向分析

选取胸围线为长度方向的基准线，前中线为围度方向的基准线，交点 O 为基准点。

F 点位于胸围线上，所以△F＝0。

C 点与后片 B 点相关，所以△C＝0.8 cm。

D 点与后片 A 点相关，所以△B＝0.7 cm。

E 点和 L 点位于前袖窿深的一半，所以△E＝△L＝0.35 cm。

G 点和 K 点在腰围线上，所以△G＝△K＝0.3 cm。

J 点和 I 点在衣摆线上，所以△J＝△I＝1.2 cm。

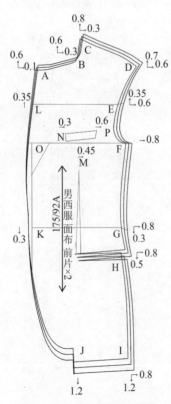

图 2-5-19　男西装前片推版图

H 点位于腰围线与臀围线之间，臀腰高的档差为 0.5 cm，所以△H＝0.3＋0.2＝0.5 cm。

B 点距胸围线为 C 点到胸围线减去一个前领深，所以△B＝0.8－领围 /5＝0.8－0.2＝0.6 cm。

A 点等同于 B 点，所以△A＝0.6 cm。

N、P、M 点距胸围线均为固定值，所以△N＝△P＝△M＝0。

2. 围度方向分析

D 点为肩端点，为了保持前肩长与后肩长的变化相匹配，△D＝0.6 cm。

E 点距基准线为前胸宽，所以△E＝0.15△胸围＝0.6 cm。

F 点、G 点、H 点和 I 点与围度方向的变化量一致，因为半胸围档差是 2 cm，后中和侧片围度已经变化了 1.2 cm，所以△G＝△I＝△H＝△F＝2－1.2＝0.8 cm。

C 点距离前中线比前领宽开大了一定的量，在围度方向的变化量可取胸宽的一半，所以△C＝0.3 cm。

B 点围度方向变化量可参考 C 点，为 0.3 cm。

由于前领宽为 1/5×领围-0.8，所以△A＝△B-1/5×△领围＝0.3-1/5×1＝0.3-0.2＝0.1 cm。

P 点距离胸宽可设为固定值，所以△P＝0.6 cm。

手巾袋大档差为 0.3 cm，所以△N＝0.3 cm。

省尖点 M 点位于手巾袋的中点位置，所以△M＝0.3+0.15＝0.45 cm。

（四）袖子推版（图 2-5-20）

选取袖肥线为长度方向的基准线，袖中线为围度方向的基准线，两线交点为基准点。

1. 大袖片

① 长度方向分析

C 点、I 点位于袖肥线上，而袖肥线是长度方向的基准线，所以 C 点、I 点在长度方向的变化量为 0。

由于 A 点距离袖肥线为袖山高，在长度方向的变化量约为袖肥档差的一半，即△A＝△袖肥 /2＝0.6 cm。

J 点在长度方向上距离袖肥线约为袖山高的 1/2，所以△J＝△A/2＝0.3 cm。

B 点在长度方向上距离袖肥线约为袖山高的 1/6，所以△B＝△A/6＝0.1 cm。

D 点和 H 点位于袖肘线上，由于 A 点距离袖肘线为身高 /5-1，所以 A 点与袖肘线的距离变化量为身高档差 /5，而 A 点的变化量为 0.6，所以△D＝△H＝△身高 /5-△A＝0.4 cm。

E 点和 F 点位于袖口线上，由于袖长的档差为 1.5 cm，而 A 点的变化量为 0.6，所以△E＝△F＝△袖长-△A＝0.9 cm。

② 围度方向分析

A 点位于袖中线上，而袖中线是围度方向的基准线，所以 A 点在围度方向的变化量为 0。

由于袖肥的档差为 1.2 cm，分到大小袖上，可各变化 0.6 cm。

AO 作为围度方向的基准线，两边围度的变化可平分，各为 0.3 cm。所以△B＝△C＝△D＝△E＝△袖肥 /4＝0.3 cm；△J＝△I＝△H＝△袖肥 /4＝0.3 cm。

F 点在袖口线上，因为袖口的档差为 1 cm，我们将袖口档差平均分配在大小袖中，即大袖袖口档差为 0.5 cm。因为 E 点变化量为 0.3 cm，所以△F＝0.5-0.3＝0.2 cm。

因为袖衩的长宽均为定值，所以 G 点与 F 点在围度方向变化量一致，即△G＝△F＝0.2 cm。

2. 小袖片

选取袖肥线为长度方向的基准线，袖中线为围度方向的基准线，两线交点为基准点。

① 长度方向分析

B 点、H 点位于袖肥线上,而袖肥线是长度方向的基准线,所以 B 点、H 点在长度方向的变化量为 0。

由于 A 点与大袖中的 J 点重合,所以 A 点与大袖中的 J 点在长度方向的变化量一致,即△A=0.3 cm。

由于 C 点、G 点与大袖的 D 点、H 点均位于袖肘线上,所以,C 点、G 点与大袖的 D 点、H 点在长度方向的变化量一致,即△C=△G=0.4 cm。

由于 E 点、F 点与大袖的 E 点、F 点均位于袖口线上,所以,E 点、F 点与大袖的 E 点、F 点在长度方向的变化量一致,即△E=△F=0.9 cm。

由于袖衩的长度和宽度均不变,所以 D 点的变化量应于 E 点和 F 点一致,即△D=△E=△F=0.9 cm。

② 围度方向分析

同大袖,△H=△G=△F=△袖肥/4=0.3 cm;△A=△B=△C=△袖肥/4=0.3 cm。

E 点在袖口线上,由前面分析得知小袖袖口档差为 0.5 cm,又因为 F 点变化量为 0.3 cm,所以△E=0.5-0.3=0.2 cm。

因为袖衩的长宽均为定值,所以 D 点与 E 点在围度方向变化量一致,即△D=△E=0.2 cm。

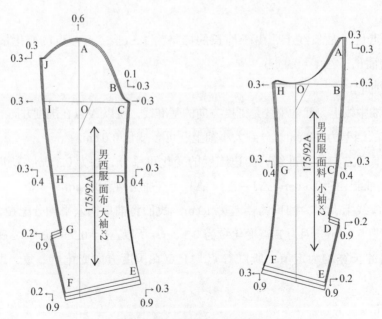

图 2-5-20　男西装袖子推版图

（五）零部件推版（图2-5-21）

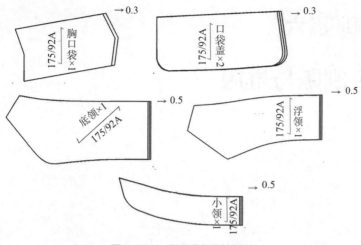

图 2-5-21　男西装部件推版图

拓展实践训练 ∨

中山装是孙中山先生倡导并经过多次改良而形成的一种服装类别，其结合了中式服装和西装的优点，以其特有的造型特点和气质，赢得国民的推崇，甚至在国际舞台上曾一度作为中国的国服而存在。1949 年 10 月 1 日，毛泽东主席穿着"毛氏中山装"宣布新中国成立。一时间，中山装让全球瞩目，由中山装引发的爱国热情在全国人民的心中熊熊燃烧。

请在保留中山装固有的精神特质和基本廓形的基础上，结合当代服装流行趋势与文化风格，对其进行创新设计，并完成全套号型工业样版绘制。

要求：

1. 中山装品类分析。挖掘中山装的历史背景、造型特点及细节设计中蕴含的深意，分析中山装与典型西装在风格、款式及结构上的区别，探讨中山装在民族文化传承方面的意义。

2. 效果图、款式图绘制。绘制出效果图、款式图的正背面，并分析其特点。

3. 规格设计。设计全套号型的规格尺寸表。

4. 基础样版绘制。以科学严谨的精神进行基础样版绘制，版型准确合理、标注符合标准且齐全。

5. 推版。根据推版原理以手工或者 CAD 形式完成 5 个码的推放，推版过程要合理、推版数据需准确，推版图型应规范。

专题项目六
风衣制版与推版

>>>

【案例导入】（图2-6-1）

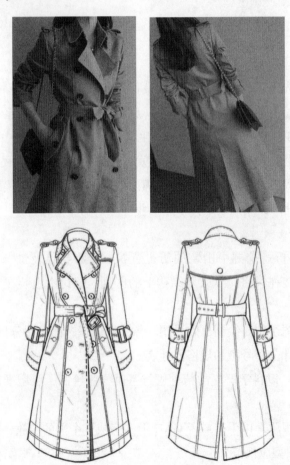

图 2-6-1　风衣成衣实物与款式图

一、款式特点及规格尺寸

此款女式风衣是一款翻折领的四开身中长款风衣。前片由两个前中片和两个前侧片组成，后片由两个后中片和两个后侧片组成。前片左侧上方设有前挡风，后片设有后披肩。双排三粒扣，较合体衣身。袖子为弯身两片袖，袖口钉袖襻。腰部钉腰襻，系腰带。风衣成品规格尺寸见表 2-6-1。

表 2-6-1　风衣成品规格尺寸

部位＼规格	155/80A	160/84A	165/88A	档差
胸围	91	95	99	4
衣长	74	76	78	2
腰围	76	80	84	4
领围	37.5	38.5	39.5	1
肩宽	37.5	38.5	39.5	1
袖长	57.5	59	60.5	1.5
袖口围	25	26	27	1
袖肥	31.8	33	34.2	1.2
腰节高	37	38	39	1
下摆围	106	110	114	4

二、风衣制版原理与方法

（一）制版（图 2-6-2、图 2-6-3）

制版要点分析：

选取 160/84A 为标准中间规格，以此作为服装生产企业的母版号型，进行基本纸样绘制。

此款女风衣为中长款，考虑在人体臀围以下约 18 cm 的位置。此款合体效果较好，胸围在原型基础上去掉约 3 cm，即胸围放松量 8 cm，成品胸围 92 cm。此款风衣不强调收腰效果，因此在原型基础上放出 4 cm 左右，即成品腰围 80 cm。

1. 后衣片

① 在原型基础上，将腰臀高向下延长 18 cm（衣长 76 cm），其余部位与原型基本一致。

② 通肩公主分割缝：在原型基础上，在后小肩的 1/2 处设一个约 0.7～1 cm 后肩省。

如图 2-6-2 所示，后肩省的省尖指向与后腰省尖顺势相连，画通肩公主分割缝，底边有 1.3 cm 叠量。底摆线与摆缝成 90° 直角，修正底摆弧线。

③ 侧缝线：侧缝在底摆处外放 2.8 cm，画顺侧缝线。底摆线与侧缝线成 90° 直角，修正底摆弧线。

④ 后开衩：自后中线底边向上作一长 18 cm、宽 3.5 cm、箭头 2 cm 的后开衩。

⑤ 后挡风：自后中线与胸围线的交点向上 0.5 cm 找到一点，将后袖窿三等分，找到距离胸围线一等分的点，如图 2-6-2 所示，用圆顺的弧线连接这两点，形成后披肩。

2. 前衣片

① 延长后衣片的底边线至前片的前中线，在此基础上前中下落 2 cm。侧缝在底摆处外放 2.8 cm，画顺侧缝线。底摆线与侧缝线成 90° 直角，修正底摆弧线。

② 将原型中的前腰省延长至底边，画顺通肩公主分割缝。

③ 前门襟：如图 2-6-2 所示，前中线向外放出 8 cm 做前门襟。

④ 绘制领子

a. 作翻折线：根据风衣翻领效果，取胸围线以下 2～3 cm 确定一点为翻折止点。在原型前侧颈点基础上向外延长 2.5 cm 找到一点，连接此点和翻折止点，作翻折线。领口处的前门襟可根据此线进行翻折。

b. 底领：将前领口弧线进行二等分，过二等分点作一条切线，在这条切线上作 15∶3 的一条斜线，在这条斜线的肩线以上量取一个后领弧长，作为底领的后领底辅助线。垂直该线作底领的后中线，取后底领高 3 cm。自原型前颈点向上取 1.5 cm 找到一点，过该点作底领的前领高 2.5 cm，使过前领口二等分点的切线长度等于前领弧长，据此确定底领的前领高的斜度。最后，画顺底领的领底和领口弧线。

c. 浮领：向外延长底领的后中线 3 cm 找到一点，将此点与自原型前颈点向上取 1.5 cm 的点相连，作为浮领与底领的拼合线。根据此弧线应与底领的领口弧线等长，调整上方的点。垂直该拼合线作浮领的后中线，取领高 8.5 cm。在前领口处作宽度为 8.5 cm 的领面宽。最终将浮领的领外圈弧线连接圆顺。

⑤ 如图 2-6-2 所示，绘制口袋盖。

3. 袖片

该袖为两片袖，先绘制基础袖，再绘制大小袖。

基础袖的绘制：在原型袖的基础上，过前袖肥中点向下作垂线与袖肘线及袖口线相交。在袖肘线上向左取 1 cm，找到一点，过此点作 15∶2 的一条斜线交于袖口线，用圆顺的弧线相连，这是前袖下弧线的基础线。在袖口处取袖口围 /2，垂直于前袖下弧线的基础线，为新的袖口线。在后袖片作一条线垂直于袖口线，再用圆顺的弧线连接到后袖肥中心点，这就完成了后袖下弧基础线。

画前后大小袖：在前袖下弧基础线上取大小偏袖 3.5 cm，即大袖向外扩大 2.5～3 cm，并顺势向上与袖窿弧线相交，确定大袖袖窿底点；小袖向内缩小 3.5 cm，并顺势向上画至与大袖袖窿底点相平，确定小袖袖窿最低点。在后袖下弧基础线上袖肥线处取大小偏袖 0.6 cm，大袖向外扩大，并顺势向上与袖窿弧线相交，确定大袖袖窿底点；小袖向内缩小 0.6 cm，并顺势向上画至与大袖袖窿底点相平，确定小袖袖窿最高点。最后连接前后小袖袖窿最高点与袖窿底点，用圆顺弧线连接。

袖襻：自袖口向上量取 8 cm，做宽 3 cm 的袖襻。

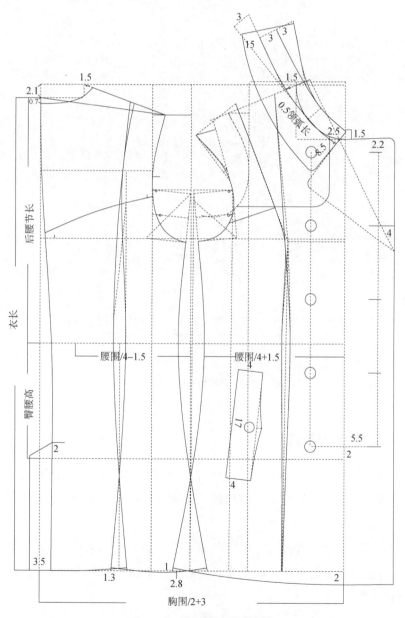

图 2-6-2　风衣衣身、领结构图

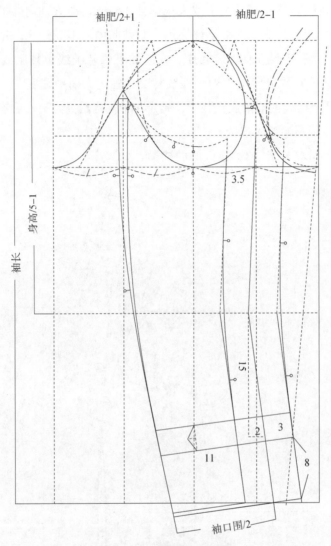

图 2-6-3　风衣袖子结构图

（二）风衣样版绘制与放缝

样版绘制注意事项：风衣面料分为前中片、前侧片、后中片、后侧片、门襟贴、大袖片、小袖片、浮领、底领、后披肩、前挡风、口袋盖、腰带、袖襻等，详见图 2-6-4 裁剪纸样。

放缝：

除前中片、前侧片、后中片、后侧片、大袖片、小袖片的底边为 3 cm 外，其余部分的缝份均为 1 cm。

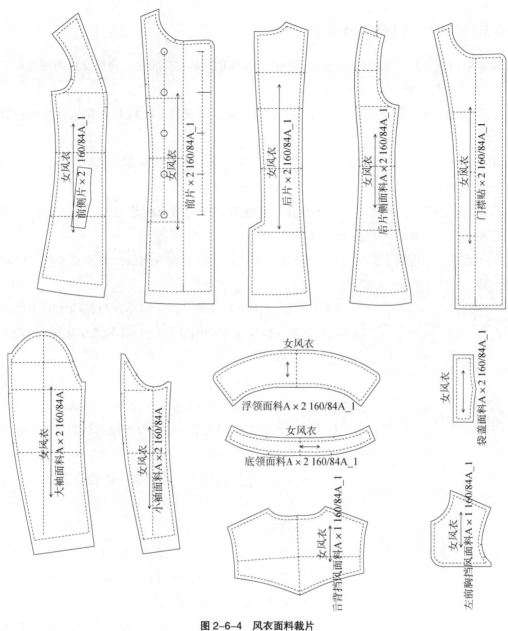

图 2-6-4　风衣面料裁片

三、风衣推版

该款风衣长度方向的推版数据是以后片肩端点推版数据为基础，通过档差公式、相似形推导而来。由于后片肩端点距离胸围线约为 1＋3＋（袖肥 /2－1－0.5），所以后片肩端点在长度方向的变化量约为袖肥档差的 1/2，即 0.6 cm。

（一）后中片推版（图2-6-5）

选取胸围线为长度方向的基准线，后中线为围度方向的基准线，两线交点为基准点。

1. 长度方向分析

由于 E 点位于胸围线上，而胸围线是长度方向的基准线，所以 E 点在长度方向的变化量为 0。

由于落肩量档差一般为 0.1 cm，已知肩端点在长度方向的变化量为 0.6 cm，所以侧颈点 B 点在长度方向的变化量应为 0.7 cm，即 △B=0.6+0.1=0.7 cm。

C 点为后小肩上的中点，C 点的变化量应比 B 点少落肩量档差的一半，即 △C=△B－△落肩量 /2=0.7-0.05=0.65 cm。

因为后领深取定值 2.5，长度方向不变，所以后颈点 A 点与侧颈点 B 点在长度方向的变化量一致，即 △A=△B=0.7 cm。

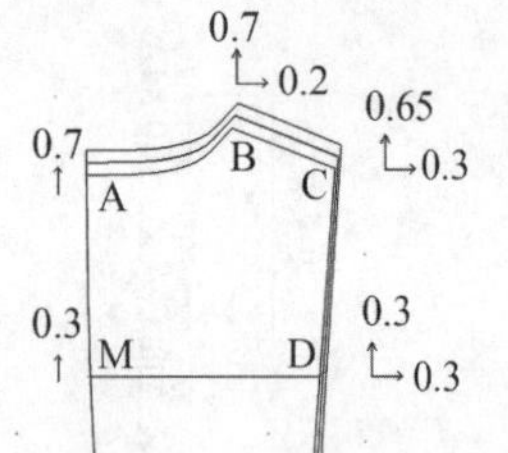

D 点和 M 点在长度方向上位于肩端点至胸围线的中点，所以 D 点和 M 点在长度方向的变化量为肩端点变化量的 1/2，即 △D=△M=0.6/2=0.3 cm。

F 点和 K 点位于腰围线上，由于背长的档差为 1 cm，而 A 点变化了 0.7 cm，所以 △F=△K=1-0.7=0.3 cm。

G 点和 J 点位于臀围线上，一般臀腰深的档差为 0.5 cm，而 F 点和 K 点变化了 0.3 cm，所以 △G=△J=0.3+0.5=0.8 cm。

H 点和 I 点位于底边线上，由于衣长的档差为 2 cm，而 A 点变化了 0.7 cm，所以 △H=△I=2-0.7=1.3 cm。

2. 围度方向分析

由于 A 点、M 点、L 点、K 点、J 点、I 点均位于后中线上，而后中线是围度方向的基准线，所以 A 点、M 点、L 点、K 点、J 点、I 点在围度方向的变化量为 0。

B 点距离围度基准线约为领围 /5-0.3，所以 △B=△领围 /5=0.2 cm。

D 点距离围度基准线约为背宽的一半，一般背宽档差取 0.6 cm，袖窿宽档差取 0.4 cm，所以 △D=△背宽 /2=0.3 cm。

因为 C 点、D 点、E 点、F 点、G 点、H 点均为通肩公主分割缝上的点，为保证型的一致，其在围度方向的变化量应相等，所以 △C=△E=△F=△G=△H=△D=0.3 cm。

图 2-6-5　风衣后中片推版图

（二）后侧片推版（图2-6-6）

选取胸围线为长度方向的基准线，侧缝线为围度方向的基准线，两线交点为基准点。

1. 长度方向分析

J点位于胸围线上，而胸围线是长度方向的基准线，所以J点在长度方向的变化量为0。

由于A点与后中片的C点重合，所以△A＝△C＝0.65 cm。

B点是肩端点，由上面分析得知肩端点长度方向的变化量为0.6 cm，即△B＝0.6 cm。

由于C点、K点与后中片的D点、M点在一条水平线上，所以C点、K点与后中片的D点、M点在长度方向的变化量一致，即△C＝△K＝0.3 cm。

由于D点、I点与后中片的F点、K点均位于腰围线上，所以，D点、I点与后中片的F点、K点在长度方向的变化量一致，即△D＝△I＝0.3 cm。

由于E点、H点与后中片的G点、J点均位于臀围线上，所以，E点、H点与后中片的G点、J点在长度方向的变化量一致，即△E＝△H＝0.8 cm。

由于F点、G点与后中片的H点、I点均位于底边线上，所以F点、G点与后中片的H点、I点在长度方向的变化量一致，即△F＝△G＝1.3 cm。

2. 围度方向分析

选取侧缝线为围度方向基准线。从理论上说，基准线应该是垂线才可以实施，因此，我们画一条辅助的垂直于侧缝线的围度基准线。也就是说，在推版时，保证侧缝线与辅助基准线的距离不变即可，所以D点、E点和F点在围度方向的变化量为0。

已知后中片胸围变化量为0.3 cm，则后侧片的胸围变化量应为△胸围/4减去后中片胸围变化量，所以△J＝△胸围/4－0.3＝0.7 cm。

同理，腰围上的I点变化量应为△腰围/4减去后中片腰围变化量，所以△I＝△腰围/4－0.3＝0.7 cm。

因为A点、K点、J点、I点、H点、G点均为通肩公主分割缝上的点，为保证型的一致，其在围度方向的变化量应相等，所以△A＝△K＝△H＝△G＝△I＝△J＝0.7 cm。

因为背宽的档差为0.6 cm，后中片的后背变化量为0.3 cm，所以后侧片的变化量也为0.3 cm。已知K点变化0.7 cm，所以△C＝0.7－0.3＝0.4 cm。

我们知道肩宽的档差为1 cm，则半个肩宽的变化量为

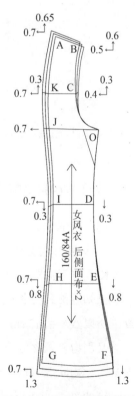

图2-6-6 风衣后侧片推版图

0.5 cm，又知道后中片肩宽变化量为 0.3 cm，所以后侧片肩宽变化量为 0.2 cm。又因为 A 点在围度方向变化了 0.7 cm，所以△B＝0.7－0.2＝0.5 cm。

（三）后披肩推版（图2-6-7）

选取上水平线为长度方向的基准线，后中线为围度方向的基准线，两线交点为基准点。

1. 长度方向分析

A 点位于上平线上，而上平线是长度方向的基准线，所以 A 点在长度方向的变化量为 0。

由于落肩量档差为 0.1 cm，已知侧颈点 A 点在长度方向不变，所以肩端点 B 点在长度方向的变化量为 0.1 cm，即△B＝0.1 cm。

BC 在长度方向上约占肩端点至胸围线的 2/3，由前面分析得知肩端点在长度方向的变化量为 0.6 cm，则 BC 在长度方向的变化量应为 0.4 cm。已知△B＝0.1 cm，所以△C＝0.1＋0.4＝0.5 cm。

因为 D 点和 C 点均为后披肩底边上的点，为保证型的一致，其在长度方向的变化量应相等，所以△D＝△C＝0.5 cm。

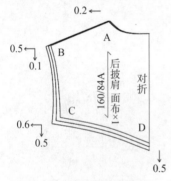

图2-6-7　风衣后披肩推版图

2. 围度方向分析

D 点位于后中线上，而后中线是围度方向的基准线，所以 D 点在长度方向的变化量为 0。

A 点距离围度基准线约为领围/5－0.3，所以△A＝△领围/5＝0.2 cm。

B 点为肩端点，在围度方向的变化量应为肩宽档差的一半，即△B＝△肩宽/2＝0.5 cm。

C 点为背宽线上的点，已知背宽档差为 0.6 cm，所以△C＝0.6 cm。

（四）前中片推版（图2-6-8）

选取胸围线为长度方向的基准线，前中线为围度方向的基准线，两线交点为基准点。

1. 长度方向分析

K 点位于胸围线上，而胸围线是长度方向的基准线，所以 K 点在长度方向的变化量为 0。

已知后侧颈点长度方向变化量为 0.7 cm，前侧颈点与后侧颈点在长度方向的变化量应一致，所以△A＝0.7 cm。

又因为前领深的公式为 C/5－0.8，前领深的变化量应为领围档差的 1/5，所以△B＝△C＝△A－△领围/5＝0.7－0.2＝0.5 cm。

M 点约为前小肩上的中点，M 点的变化量应比 A 点少落肩量档差的一半，即△M＝

△A－△落肩量 /2＝0.7－0.05＝0.65 cm。

D 点、L 点与后中片的 D 点、M 点位于同一水平线上，所以，D 点、L 点与后中片的 D 点、M 点在长度方向的变化量一致，即△D＝△L＝0.3 cm。

由于 E 点、J 点与后中片的 F 点、K 点均位于腰围线上，所以，E 点、J 点与后中片的 F 点、K 点在长度方向的变化量一致，即△E＝△J＝0.3 cm。

由于 F 点、I 点与后中片的 G 点、J 点均位于臀围线上，所以 F 点、I 点与后中片的 G 点、J 点在长度方向的变化量一致，即△F＝△I＝0.8 cm。

由于 G 点、H 点与后中片的 H 点、I 点均位于底边线上，所以 G 点、H 点与后中片的 H 点、I 点在长度方向的变化量一致，即△G＝△H＝1.3 cm。

2. 围度方向分析

B 点位于前中线上，而前中线是围度方向的基准线，所以 B 点在围度方向的变化量为 0。

由于门襟宽取定值，所以门襟外轮廓线上的 C 点、D 点、E 点、F 点、G 点在围度方向的变化量为 0。

A 点距离围度基准线约为领围 /5－0.8，所以△A＝△领围 /5＝0.2 cm。

L 点距离围度基准线约为胸宽的一半，胸宽档差取 0.6 cm，所以△L＝△胸宽 /2＝0.3 cm。

因为 M 点、L 点、K 点、J 点、I 点、H 点均为通肩公主分割缝上的点，为保证型的一致，其在围度方向的变化量应相等，所以△M＝△K＝△J＝△I＝△H＝△L＝0.3 cm。

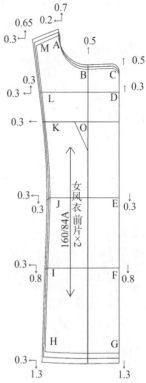

图 2-6-8　风衣前中片推版图

（五）前侧片推版（图 2-6-9）

选取胸围线为长度方向的基准线，侧缝线为围度方向的基准线，两线交点为基准点。

1. 长度方向分析

C 点位于胸围线上，而胸围线是长度方向的基准线，所以 C 点在长度方向的变化量为 0。

由于 A 点与前中片的 M 点重合，所以△A＝△M＝0.65 cm。

K 点是肩端点，由上面分析得知肩端点长度方向的变化量为 0.6 cm，即△K＝0.6 cm。

由于 B 点、J 点与前中片的 D 点、L 点在一条水平线上，所以 B 点、J 点与前中片的 D 点、L 点在长度方向的变化量一致，即△B＝△J＝0.3 cm。

由于 D 点、I 点与前中片的 E 点、J 点均位于腰围线上，所以，D 点、I 点与前中片的

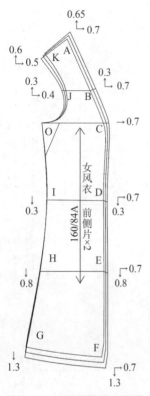

图 2-6-9 风衣前侧片推版图

E 点、J 点在长度方向的变化量一致，即△D＝△I＝0.3 cm。

由于 E 点、H 点与前中片的 F 点、I 点均位于臀围线上，所以，E 点、H 点与前中片的 F 点、I 点在长度方向的变化量一致，即△E＝△H＝0.8 cm。

由于 F 点、G 点与前中片的 G 点、H 点均位于底边线上，所以 F 点、G 点与前中片的 G 点、H 点在长度方向的变化量一致，即△F＝△G＝1.3 cm。

2. 围度方向分析

选取侧缝线为围度方向基准线。从理论上说，基准线应该是垂线才可以实施，因此，我们画一条辅助的垂直于侧缝线的围度基准线。也就是说，在推版时，保证侧缝线与辅助基准线的距离不变即可，所以 I 点、H 点和 G 点在围度方向的变化量为 0。

已知前中片胸围变化量为 0.3 cm，则前侧片的胸围变化量应为△胸围 /4 减去前中片胸围变化量，所以△C＝△胸围 /4－0.3＝0.7 cm。

同理，腰围上的 D 点变化量应为△腰围 /4 减去前中片腰围变化量，所以△D＝△腰围 / 4－0.3＝0.7 cm。

因为 A 点、B 点、C 点、D 点、E 点、F 点均为通肩公主分割缝上的点，为保证型的一致，其在围度方向的变化量应相等，所以△A＝△B＝△E＝△F＝△C＝△D＝0.7 cm。

因为胸宽的档差为 0.6 cm，前中片的胸宽变化量为 0.3 cm，所以前侧片的变化量也为 0.3 cm。已知 B 点变化 0.7 cm，所以△J＝0.7－0.3＝0.4 cm。

我们知道肩宽的档差为 1 cm，则半个肩宽的变化量为 0.5 cm，又知道前中片肩宽变化量为 0.3 cm，所以前侧片肩宽变化量为 0.2 cm。又因为 A 点在围度方向变化了 0.7 cm，所以△K＝0.7－0.2＝0.5 cm。

（六）前挡风推版（图 2-6-10）

选取底边线为长度方向的基准线，前中线为围度方向的基准线，两线交点为基准点。

1. 长度方向分析

C 点位于底边线上，而底边线是长度方向的基准线，所以 C 点在长度方向的变化量为 0。

EC 在长度方向上约占肩端点至胸围线的 2/3，由前面分析得知肩端点在长度方向的变化量为 0.6 cm，则 EC 在长度方向的变化量应为 0.4 cm。已知 C 点长度方向不变，所以△E＝0.4 cm。

由于落肩量档差为 0.1 cm，已知△E＝0.4 cm，所以△A＝△E＋0.1＝0.5 cm。

因为前领深的公式为 C/5－0.8，前领深的变化量应为领围档差的 1/5，所以△B＝△A－△领围 /5＝0.5－0.2＝0.3 cm。

D 点长度方向上约位于 EC 的中点，所以△D＝△E/2＝0.2 cm。

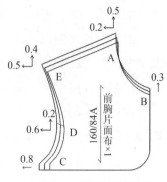

图 2-6-10　风衣前胸片推版图

2. 围度方向分析

B 点位于前中线上，而前中线是围度方向的基准线，所以 B 点在长度方向的变化量为 0。

A 点距离围度基准线约为领围 /5－0.3，所以△A＝△领围 /5＝0.2 cm。

E 点为肩端点，在围度方向的变化量应为肩宽档差的一半，即△E＝△肩宽 /2＝0.5 cm。

D 点为胸宽线上的点，已知胸宽档差为 0.6 cm，所以△D＝0.6 cm。

C 点在围度方向上约为袖窿宽的中点，所以△C＝△胸宽＋△袖窿宽 /2＝0.6＋0.2＝0.8 cm。

（七）大袖推版（图 2-6-11）

选取袖肥线为长度方向的基准线，袖中线为围度方向的基准线，两线交点为基准点。

1. 长度方向分析

B 点、G 点位于袖肥线上，而袖肥线是长度方向的基准线，所以 B 点、G 点在长度方向的变化量为 0。

由于 A 点距离袖肥线为袖肥 /2－2，所以 A 点在长度方向的变化量约为袖肥档差的一半，即△A＝△袖肥 /2＝0.6 cm。

H 点在长度方向上距离袖肥线约为袖山高的 1/2，所以△J＝△A/2＝0.3 cm。

C 点和 F 点位于袖肘线上，由于 A 点距离袖肘线为身高 /5－1，所以 A 点与袖肘线的距离变化量为身高档差 /5，而 A 点的变化量为 0.6，所以△C＝△F＝△身高 /5－△A＝0.4 cm。

D 点和 E 点位于袖口线上，由于袖长的档差为 1.5 cm，而 A 点的变化量为 0.6，所以△D＝△E＝△袖长－△A＝0.9 cm。

2. 围度方向分析

A 点位于袖中线上，而袖中线是围度方向的基准线，所以 A 点在围度方向的变化量为 0。

由于 H 点、G 点、F 点由后袖肥中点得来，所以 H 点、G 点、F 点在围度方向的变化量为袖肥档差的 1/4，即△H＝△G＝△F＝△袖肥 /4＝0.3 cm。

袖口线上的 E 点距离袖中线约为 F 点的 2/3，所以△E＝△F×（2/3）＝0.2 cm。

由于前袖片的大袖袖肥比小袖袖肥大很多，我们考虑将前袖片的袖肥变化量全部放在大袖中，则大袖中 B 点的变化量为袖肥档差的一半，即△B＝△袖肥 /2＝0.6 cm。

C 点由 B 点得来，所以△C＝△B＝0.6 cm。

袖口线上的 D 点可与 B 点的变化量一致，但考虑到小袖袖口的量不能太小，这里我们取 D 的变化量为 0.5 cm，加上 E 点的变化量 0.2 cm，大袖袖口的变化量为 0.7 cm。因为袖口的档差为 1 cm，所以小袖袖口的变化量为 0.3 cm。

（八）小袖推版（图 2-6-11）

选取袖肥线为长度方向的基准线，袖中线为围度方向的基准线，两线交点为基准点。

1. 长度方向分析

B 点位于袖肥线上，而袖肥线是长度方向的基准线，所以 B 点在长度方向的变化量为 0。

由于 A 点与大袖中的 H 点重合，所以 A 点与大袖中的 H 点在长度方向的变化量一致，即△A＝0.3 cm。

由于 C 点与大袖的 C 点、F 点均位于袖肘线上，所以，C 点与大袖的 C 点、F 点在长度方向的变化量一致，即△C＝0.4 cm。

由于 D 点与大袖的 D 点、E 点均位于袖口线上，所以，D 点与大袖的 D 点、E 点在长度方向的变化量一致，即△D＝0.9 cm。

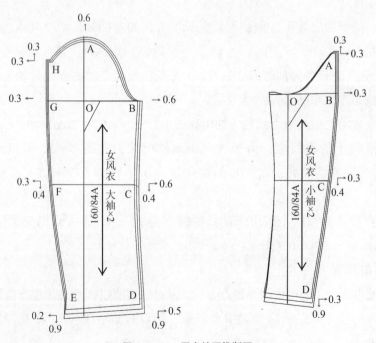

图 2-6-11　风衣袖子推版图

2. 围度方向分析

由于前面将前袖片的袖肥变化量全部放在大袖中，所以前袖小袖的袖肥变化量为 0，整个前袖缝线上的点在围度方向的变化量均为 0。

由于袖肥的档差为 1.2，我们已经知道大袖的袖肥变化量为 0.9 cm，所以小袖的袖肥变化量应为 0.3 cm。又因为前袖小袖的袖肥变化量为 0，所以 B 点的变化量为 0.3 cm，即 $\triangle B = 0.3$ cm。

C 点由 B 点得来，所以 $\triangle C = \triangle B = 0.3$ cm。

前面分析得知小袖袖口变化量为 0.3 cm，又因为整个前袖缝线上的点在围度方向的变化量均为 0，所以袖口 D 点的变化量为 0.3 cm，即 $\triangle D = 0.3$ cm。

（九）其他部件推版（图 2-6-12、图 2-6-13）

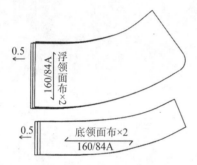

图 2-6-12 风衣领子推版图

图 2-6-13 风衣口袋盖推版图

拓展实践训练 ∨

风衣，作为一种有防风作用的轻薄型大衣，是近几十年来较为流行的服装，适宜于春、秋、冬三季外出穿着。风衣的设计灵感源于英国陆战队的军服，因此其款式特征具有多种军服元素。比如，枪挡、肩章和袖章等。风衣的设计不仅实用，还具有时尚感。廓型或直筒、或收腰，能够很好地修饰人体体型。

说起风衣，大家肯定能想到风衣中的奢侈品——巴宝莉，成为奢华、品质、创新以及永恒经典的代名词。巴宝莉风衣不仅是一件时尚单品，更是一件具有深厚文化内涵的时尚艺术品。

请认真分析巴宝莉风衣的经典与时尚，融合中国元素，体现国际化特点，创新设计一款风衣，完成全套号型工业样版绘制。

要求：

1. 风衣品类分析。分析探讨巴宝莉风衣成为永不过时的经典的原因，学习借鉴其精华，促进中国服装业传承中国文化的同时，进一步走向国际。

2. 效果图、款式图绘制。绘制出效果图、款式图的正背面，并分析其特点。

3. 规格设计。设计全套号型的规格尺寸表。

4. 基础样版绘制。以科学严谨的精神进行基础样版绘制，版型准确合理、标注符合标准且齐全。

5. 推版。根据推版原理以手工或者 CAD 形式完成 5 个码的推放，推版过程要合理、推版数据需准确，推版图型应规范。

专题项目七
旗袍制版与推版

>>>

【案例导入】（图 2-7-1）

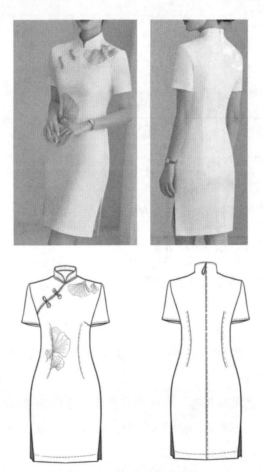

图 2-7-1　旗袍实物与款式图

一、款式特点及规格尺寸

本款旗袍主要由两个前片、两个后片和两个袖片组成，立领、直摆、偏襟、开衩。旗袍成品规格尺寸见表 2-7-1。

表 2-7-1　旗袍成品规格尺寸

部位＼规格	155/80A	160/84A	165/88A	档差
胸围	86	90	94	4
腰围	68	72	76	4
领围	37	38	39	1
肩宽	37	38	39	1
后腰节长	38	39	40	1
袖肥（制图）	32.8	34	35.2	1.2
身高	160	165	170	5
半袖长	20.5	21	21.5	0.5
裙长	85	88	91	3

二、旗袍制版原理与方法

选取 160/84A 为标准中间规格，以此作为服装生产企业的母版号型，进行基本纸样绘制。

（一）制版（图2-7-2、图2-7-3）

制版流程：该款旗袍是在前面介绍过的上衣原型基础上绘制的，根据原型的制版方法作出旗袍的结构框架。

1. 后片

① 按照长度为衣长、围度为 B/2+3 做出基础框架。同原型，定出胸围线、腰围线、臀围线、领圈、肩宽、袖窿。

② 上平线和胸围线之间距离约一半处作背宽线，如图 2-7-2，因旗袍属于合体廓形，袖窿需要适当缩小，分别在领窝、肩部、后背部设置三条辅助线，每条辅助线处拉开各 0.2 cm，使得后袖窿缩进 0.6 cm。

③ 后中线与腰围线处，在原型的基础上，放出约 1/3 的量，修正后中线。

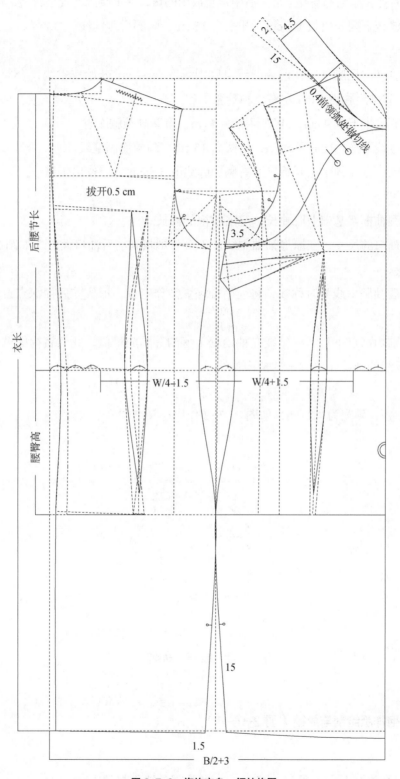

图 2-7-2　旗袍衣身、领结构图

④ 后腰省处在原型的基础上加大后中位置放出的量，保证腰围的规格合适，修正后腰省。

⑤ 后侧缝线下摆处内收 1.5 cm，开衩高 15 cm，画顺后侧缝线。

2. 前片

① 将肩省转移到腋下。在前侧缝线自胸围线下 6~7 cm 开始作省线，合并肩省，展开获得腋下省，省尖距胸点 3 cm 左右，画顺腋下省。

② 胸腰省省尖下调 4 cm，距离臀围线 4 cm，重新画顺胸腰省。

③ 前侧缝线下摆处内收 1.5 cm，开衩高 15 cm，画顺前侧缝线。

④ 作偏襟，自前领中点开始，至右侧侧缝线下 3.5 cm 处，作出偏襟线。

3. 袖片

① 在原型袖框架基础上取袖长，定出旗袍的袖长。

② 按照袖口的尺寸，在原型袖袖中线基础上分别找到前后袖口大点，如图 2-7-3 作出前后袖肥中线。

③ 以前后袖肥中线为对称线，将前后袖窿弧线作对称，形成前后袖深点，连接后形成新的袖肥线。

④ 原型袖山高点下落新袖肥线在袖中处下落的等同的量值，此为旗袍的袖山高点。按照原型袖山弧线的画法作出旗袍的袖山弧线。

4. 领子

此款为立领，领宽为 4.2 cm，如图 2-7-2 作出立领结构。

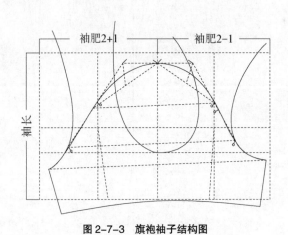

图 2-7-3　旗袍袖子结构图

（二）旗袍样版绘制与放缝（图 2-7-4）

放缝：

衣身底摆处放缝 3 cm，袖口放缝 3 cm，其他部位缝份都是 1 cm。

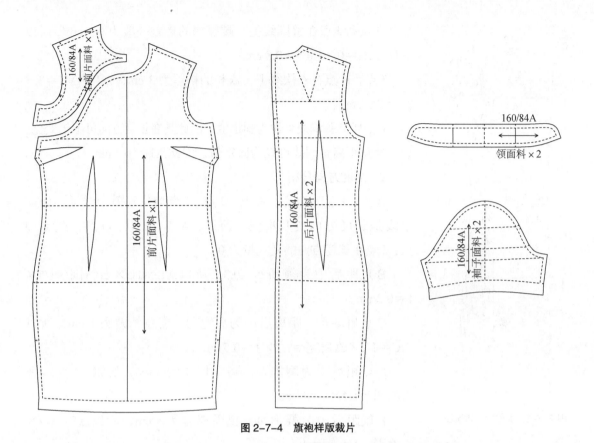

图2-7-4　旗袍样版裁片

三、旗袍推版

（一）后片推版（图2-7-5）

选取胸围线为长度方向的基准线，后中线为围度方向的基准线，两线交点 O 为基准点。

1. 长度方向分析

E 点、O 点均位于胸围线上，而胸围线是长度方向的基准线，所以，E 点、O 点在长度方向的变化量为 0。

因为袖窿深的档差等于袖肥的一半，为 0.6 cm，所以△C＝0.6 cm，而肩斜档差一般为 0.1 cm，所以△B＝△C＋0.1＝0.7 cm。

后领深长度方向可设为固定值，因此△A＝0.7 cm。

D 点和 L 点在背宽横线上，处于袖窿深的一般位置，所以△L＝△D＝1/2×△C＝1/2×0.6＝0.3 cm。

K 点、M 点、F 点在腰围线上，背长的档差为 1 cm，△K＝△M＝△F＝1－0.7＝0.3 cm。

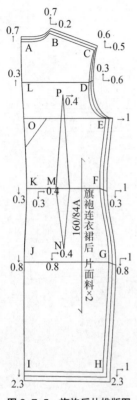

图 2-7-5　旗袍后片推版图

G 点和 J 点在臀围线上，腰臀深的档差一般为 0.5 cm，所以 △J＝△G＝0.3＋0.5＝0.8 cm。

I 点、H 点在衣摆线上，衣长的档差为 3 cm，△I＝△H＝3－0.7＝2.3 cm。

P 点距离胸围线可设为固定值，因此其在长度方向可不予变化。

N 点距离臀围线可设为固定值，因此△N＝0.8 cm。

2. 围度方向分析

A 点、L 点、O 点、K 点、J 点、I 点均位于前中线上，而前中线是长度方向的基准线，所以，A 点、L 点、O 点、K 点、J 点、I 点在长度方向的变化量为 0。

B 点距后中为领围 /5－0.3，所以△B＝1/5×△领围＝1/5×1＝0.2 cm。

C 点肩端点，距离后中为肩宽 /2，肩宽档差为 1 cm，所以△C＝1/2×△肩宽＝1/2×1＝0.5 cm。

E 点距后中为胸围 /4，胸围档差为 4 cm，所以△E＝1/4×△胸围＝1/4×4＝1 cm。

F 点距后中为腰围 /4，腰围档差为 4 cm，所以△F＝1/4×△腰围＝1/4×4＝1 cm。

G 点距后中为臀围 /4，臀围档差为 4 cm，所以△G＝1/4×△臀围＝1/4×4＝1 cm。

H 点位于下摆线上，可参考 G 点，因此，△H＝1 cm。

D 点距离后中为一个背宽，根据人体结构规律，可略比肩宽大，因此△D＝0.6 cm。

M 点、N 点、P 点为后腰省定位点，腰省大小可为固定值，省道位于后衣片中线偏后中一点，因此，△M＝△N＝△P＝0.4 cm。

（二）前片推版（图 2-7-6）

选取胸围线为长度方向的基准线，前中线为围度方向的基准线，两线交点 O 为基准点。

1. 长度方向分析

C 点到胸围线的距离是一个袖窿深，其长度方向变化量为袖肥的一半，所以△C＝0.6 cm。

因为肩斜的档差为 0.1 cm，所以△B＝0.6＋0.1＝0.7 cm。

A 点到基准线的距离为 B 点到基准线减掉一个前领深，所以△A＝△B－1/5×△领围＝0.7－0.2＝0.5 cm。

Q 点和 D 点在袖窿深的一半上，所以△Q＝△D＝1/2×0.6＝0.3 cm。

M、H、R、S点均在腰围线上，背长档差为1 cm，所以△M＝△R＝△S＝△H＝1－0.7＝0.3 cm。

L点、I点在臀围线上，臀腰深的档差为0.5 cm，所以△L＝△I＝0.5＋0.3＝0.8 cm。

K点、J点在底摆线上，衣长档差为3 cm，所以△K＝△J＝3－0.7＝2.3 cm。

腋下省距离胸围基准线可设为固定值，所以△P＝△N＝△F＝△G＝0 cm。

T点、U点距臀围线为固定值，△T＝△U＝0.8 cm。

2. 围度方向分析

B点距基准线的距离与C/5相关，所以△B＝1/5×△领围＝1/5×1＝0.2 cm。

C点距基准线为肩宽的一半，所以△C＝1/2×△肩宽＝1/2×1＝0.5 cm。

D点距离基准线为一个胸宽，根据人体结构规律，可略比肩宽大，因此△D＝0.6 cm。

E点在胸围线上，胸围档差为4 cm，所以△E＝1/4×△胸围＝1/4×4＝1 cm。

H点、M点在腰围线上，腰围档差为4 cm，△H＝△M＝1/4×△腰围＝1/4×4＝1 cm。

L点、I点在臀围线上，臀围档差为4 cm，△L＝△I＝1/4×△臀围＝1/4×4＝1 cm。

K点、J点在底摆线上，围度可根据臀围变化，所以△K＝△J＝1/4×△臀围＝1/4×4＝1 cm。

前腰省位置在前片围度的一半，所以△P＝△F＝△R＝△S＝△T＝△U＝0.5 cm。

N点、G点在侧缝线上，其围度方向变化量可随胸围大变化即可，所以△N＝△G＝1/4×4＝1 cm。

Q点距离前中基准线为前胸宽的一半，所以△Q＝0.3 cm。

（三）右前片推版（图2-7-6）

以前领中点所在的水平线为长度方向的基准线，以前中线为围度方向基准线，两线交点为基准点。

1. 长度方向分析

A点距基准线的距离与C/5相关，所以△A＝1/5×△领围＝1/5×1＝0.2 cm。

因为肩斜的档差为0.1 cm，所以△B＝0.2－0.1＝0.1 cm。

因为袖窿深的档差为0.6 cm，所以△D＝0.6－0.1＝0.5 cm。

BC之间的变化量，应该与前片上CD之间的变化量相同，所以△C＝0.3－0.1＝0.2 cm。

E点距基准线同C点，所以△E＝0.2 cm。

2. 围度方向分析

A点到基准线的距离与C/5相关，所以△A＝1/5×△领围＝1/5×1＝0.2 cm。

B点距基准线为肩宽的一半，所以△B＝1/2×△肩宽＝1/2×1＝0.5 cm。

C点距离基准线为一个胸宽，根据人体结构规律，可略比肩宽大，因此△C＝0.6 cm。

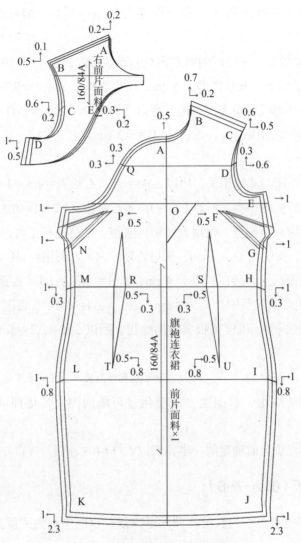

图 2-7-6　旗袍前片、右前片推版图

D 点在胸围线上，胸围档差为 4 cm，所以△D＝1/4×△胸围＝1/4×4＝1 cm。

E 点等同于前片的 Q 点，所以△E＝0.3 cm。

（四）袖片推板（图 2-7-7）

以 AO 为围度基准线，以 BE 为长度基准线，O 为基准点。

1. 长度方向分析

E 点、B 点在长度基准线上，所以△E＝△B＝0。

A 点距基准线为一个袖山高，可等于或略小于袖窿深的变化量，所以 A 点在长度方向的变化量可取 0.5 cm。

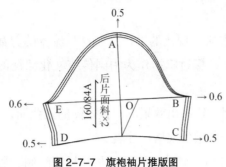

图 2-7-7 旗袍袖片推版图

D 点、C 点在袖口线上，袖长的档差为 0.5 cm，袖山高变化了 0.5 cm，所以△D＝△C＝0 cm。

2. 围度方向分析

A 点在围度基准线上，所以△A＝0。

袖肥档差为 1.2 cm，所以△E＝△B＝1/2×△袖肥＝1/2×1.2＝0.6 cm。

D 点、C 点在袖口线上，袖口的变化量可取 1 cm，所以△D＝△C＝0.5 cm。

（五）领子推版（图 2-7-8）

立领宽度没有变化，只需以领中线为基准线，放出 0.5 cm 即可。

图 2-7-8 旗袍领子推版图

拓展实践训练 ∨

旗袍，被誉为东方女性的标志性服装，其起源可追溯到清朝末期，盛行于三四十年代。旗袍作为中华文化的重要组成部分，其款式、用料和花色的多样性不仅展现了东方女性的魅力，也体现了中国传统文化的深厚底蕴。

旗袍已经不仅仅是一件服饰，它承载着文明，更是一种文化和态度的象征。旗袍连接起过去和未来，以其独特的韵味，将生活与艺术完美融合。旗袍所蕴含的含蓄、典雅、静穆等中和之美的特性，体现了旗袍这一艺术作品的内在和谐与外在形式的统一。

请认真分析旗袍所蕴含的美学思想，结合当代服装流行趋势与审美，对其进行创新设计，完成全套号型工业样版绘制。

要求：

1. 旗袍品类分析。从古典与现代的设计、贴身与流畅的剪裁、质感与舒适的用料、雅致与绚烂的东方色彩等角度，探讨旗袍作为中国传统文化象征的独特魅力，分析旗袍发展对传承东方神韵及民族文化的意义。

2. 效果图、款式图绘制。绘制出效果图、款式图的正背面，并分析其特点。

3. 规格设计。设计全套号型的规格尺寸表。

4. 基础样版绘制。以科学严谨的精神进行基础样版绘制，版型准确合理、标注符合标准且齐全。

5. 推版。根据推版原理以手工或者 CAD 形式完成 5 个码的推放，推版过程要合理、推版数据需准确，推版图型应规范。

PART THREE

第三部分

服装排料基础知识

服装排料又称排版、排唛架、划皮、套料等，是指一个产品排料图的设计过程，是在满足设计、制作等要求的前提下，将服装各规格的所有衣片样版在指定的面料幅宽内进行科学地排列，以最小面积或最短长度排出用料定额，目的是使面料的利用率达到最高，以降低产品成本，同时给铺料、裁剪等工序提供可行的依据。排料是进行铺料和裁剪的前提。通过排料，可知道用料的准确长度和样版的精确摆放次序，使铺料和裁剪有所依据。所以，排料工作对面料的消耗、裁剪的难易、服装的质量都有直接的影响，是一项技术性很强的工艺操作。

一、排料需要的要件

1. 订单明细；

2. 全码尺寸表；

3. 样衣或款式图——由尺寸表和样衣或款式图可以制出样版；

4. 面料的门幅和缩率（水洗缩率、烫缩等，主要为水洗缩率）；

5. 其他信息——面料的品质（主要为面料的色差情况），面料的特征（是否有方向性，如灯芯绒的毛向要求、印花布的文字图案方向要求、编织纹的阴阳纹路情况等）。

二、服装排料的规则

1. 方向规则

首先是所有衣片的摆放都要使衣片上的经线方向与材料的经线方向相一致；二是没有倒顺方向和倒顺图案的材料可以将衣片掉转方向进行排料，达到提高材料利用率的目的，叫做倒顺排料，对于有方向分别和图案区别的材料就不能倒顺排料；三是对于格子面料，尤其是鸳鸯格面料在排料时一定做到每一层都要对准相应位置，而且正面朝向要一致。

2. 大小主次规则

即从材料的一端开始，按先大片，后小片，先主片，后次片，零星部件见缝插针，达到节省材料的目的。

3. 紧密排料规则

排料时，在满足上述规则的前提下，应该紧密排料，衣片之间尽量不要留有间隙，达到节省材料的目的。

4. 注意每一个衣片样版的标记

一个样版标记 2 片的，往往是正反相对的两片。

三、服装排料的基本方法

1. 折叠排料法

折叠排料法是指将布料折叠成双层后再进行排料的一种排料方法，这种排料方法较适合少量制作服装时采用。折叠排料法省时省料，不会出现裁片同顺的错误。纬向对折排料适用于除倒顺毛和有图案织物外的面料，在排料中要注意样版的丝缕方向与布料的丝缕相同。经向对折排料适合于除鸳鸯条、格子及图案织物外的面料，其排料方法与纬向排料方法基本相同。

（1）纬向对折

纬向对折排料适合于除倒顺毛和图案织物以及蕾丝花边外的面料。排料中要注意样版的丝缕与面料的丝缕相同。其排料形式变化较大，如采用印花、提花和格子织物排料，就应注意主要部位的对条（花）和对格（波）。该方法适合批量排料。

（2）经向对折

经向对折排料适合于对称花边、格子及图案织物以及倒顺毛的面料。其排料方法与纬向对折基本相同，但遇到倒顺毛面料时，必须将其朝同一顺毛方向排料。该方法适合单件（套）排料。

2. 单层排料法

单层排料法是指布料单层全部展开来进行的一种方法。

（1）对称排料

成品内衣的左右部位可在同一层布料上和合成对，也就是说，一片纸样（样版）画好后必须翻身再画一片，进行单层对称排料。

（2）不对称排料

不对称内衣可以单层排料，包括罩杯左右不对称或者其中一片有折叠，以及需要内拼接成用印花等。

（3）其他排料

如遇到有倒顺毛、条格和花纹图案的面料，在左右部位对称的情况下，要先画好第一片纸样后将它翻身，而第二片则按第一片的同样方向（包括长度和经向方向）画样。花边面料在排料时一定要注意对花、对波。

3. 多层平铺排料法

多层平铺排料法是指将面料全部以平面展开后进行多层重叠，然后用电动裁刀剪开各衣片，该排料法适用于成衣工厂的排料。布料背对背或面对面多层平铺排料，适合于对称及非对称式服装的排料。如遇到倒顺毛、条格和花纹图案时一定要慎重，在左右部位对称的情况下，设计倒顺毛向上或向下保持一致。有上下方向感的花纹面料排料时要设计各裁片的花纹图案统一朝上。

4. 套裁排料法

套裁排料法是指两件或两件以上的服装同时排料的一种排料法，该排料法主要适合家庭及个人为节省面料和提高面料利用率的一种方法。

5. 紧密排料法

紧密排料法的要求是，尽可能地利用最少的面料排出最多的裁片，其基本方法包括：

① 先长后短。如前后裤片先排，然后再排其他较短的裁片。

② 先大后小。如先排前后衣片、袖片，然后再排较小的裁片。

③ 先主后次。如先排暴露在外面的袋面、领面等，然后再排次要的裁片。

④ 见缝插针。排料时要利用最佳数学排列原理，在各个裁片形状相吻合的情况下，利用一切可利用的面料。

⑤ 见空就用。在排料时如看到有较大的面料空隙时，可以通过重新排料组合，或者利用一些边料进行拼接，达到最大程度地节省面料，降低服装成本。

6. 合理排料法

合理排料法是指排料不仅要追求省时省料，同时还要全面分析布局的科学性、合理性和正确性。要根据款式的特点从实际情况出发，随机应变、物尽其用。

① 避免色差。一般有较重色差的面料是不可用的，但有时色差很小或不得不用时，我们就要考虑如何合理地排料了。一般布料两边的色泽质量相对较差，所以在排料时要尽量将裤子的内侧缝排放在面料两侧，因为外侧缝线的位置视觉上要比内侧缝的位置重要得多。

② 合理拼接。在考虑充分利用面料的同时，挂面、领里、腰头、袋布等部位的裁剪通常可采用拼接的方法。例如，领里部分可以多次拼接，挂面部分也可以拼接，但是不要拼在最上面的一粒纽扣的上部，或最下面一粒纽扣的下面，否则会有损美观。

③ 图案的对接。在排有图案的面料时，一定要进行计算和试排料来求得正确的图案之吻合，使排料符合专业要求。

④ 按设计要求使样版要求的丝缕与面料的丝缕保持一致。

四、服装排料的要求

遵循避免色差、利用布边、合理拼接、掌握丝缕的原则。

1. 避免色差

对于有严重色差的面料，一般不宜利用。但如色差不是很大，就要考虑如何合理利用面料。

2. 利用布边

一般来说，布边由于原料在加工过程中会留有较宽的针眼，排料时如不考虑避开针眼，将严重影响服装的质量和美观。为了既保证服装的质量，又能节约面料，一般布边的利用不得超过 1 cm。

3. 合理拼接

在考虑节约用料的情况下，部分里料部件的裁剪通常可采取拼接方法。如衬裙的里料以及贴边等，拼接以不影响美观为原则。

4. 掌握丝缕

凡高级内衣，衣片的丝缕是不允许歪斜的。但在普通内衣中，为了追求原料的利用率，允许在不影响外观美的前提下，在素色面料和不太主要的部位，可以有适当的歪斜。

另外，如是批量的成衣排料，则要根据批量的大小，决定排料方法及尺码搭配。批量少的或格子面料可用双幅排料，批量大的可用单幅排料。如相同批量不同规格尺码的可以放在一起相互搭配排料，以减少重复排料，一般是小尺码与大尺码套排，中间尺码自行套排，余下布料可单件（套）排料。

参考文献

>>>

1. 潘波，赵欲晓.服装工业制板（第2版）[M].北京：中国纺织出版社，2010.

2. 张文斌，夏明.服装制版——基础篇（第三版）[M].上海：东华大学出版社，2024.

3. 浦海燕，虞紫英，吴薇.女装结构设计[M].北京：化学工业出版社，2024.

4. 徐雅琴.服装制图与样板制作（第4版）[M].北京：中国纺织出版社，2024.

5. 魏雪晶，魏丽.服装结构原理与制板推板技术[M].北京：中国纺织出版社，1998.

6. 谢良.服装结构设计研究与案例[M].上海：上海科学技术出版社，2005.

7. 闵悦.服装结构设计与应用[M].北京：北京理工大学出版社，2009.

8. 宋伟.服装结构设计与纸样[M].南京：南京大学出版社，2011.

9. 张华.服装结构设计与制板[M].上海：上海交通大学出版社，2004.

10. 刘瑞璞等.服装结构设计原理与技巧[M].北京：中国纺织出版社，1991.

11. 刘建智.服装结构原理与原型工业制版[M].北京：中国纺织出版社，2003.

12. 吕学海.服装结构原理与制图技术[M].北京：中国纺织出版社，2008.

13. 吴伟刚.服装标准应用[M].北京：中国纺织出版社，2002.

14. 周邦桢.服装工业制板推板原理与技术[M].上海：东华大学出版社，2012.

15. 李正.服装工业制版[M].上海：东华大学出版社，2003.

16. 吴清萍，黎蓉.服装工业制版与推板技术[M].北京：中国纺织出版社，2011.

17. 闵悦，李淑敏.服装工业制版与推板技术[M].北京：北京理工大学出版社，2010.

18. 金少军，刘忠艳.服装工业制版原理与应用[M].湖北：湖北科学技术出版社，2010.

19. 徐雅琴，谢红，刘国伟等.服装制版与推板细节解析[M].北京：化学工业出版社，2010.

20. 娄明朗.服装制版技术[M].上海：上海科学技术出版社，2011.

21. 于国兴.服装工业制版[M].上海：东华大学出版社，2014.

22. 高国利.现代成衣制板[M].沈阳：辽宁美术出版社，2007.